高校数学でわかる流体力学

ベルヌーイの定理から翼に働く揚力まで

竹内　淳　著

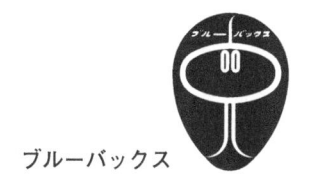

ブルーバックス

装幀／芦澤泰偉・児崎雅淑
カバーイラスト・もくじ・章扉／中山康子
本文図版／朝日メディアインターナショナル

はじめに

　流体力学の対象は、私たちの身近なところにあります。空気の流れである風や、川の水流は代表的な対象です。このうち、川の流れの制御は、大河の流域付近に誕生した古代の四大文明のころから最も重要な政治的課題の一つでした。この「治水」は長い歴史を持っていますが、治水にもかかわる近代的な学問である水理学（すいりがく）や水力学（すいりきがく）が発達したのは18世紀に入ってからでした。

　現代では、水の流れだけでなく、空気の流れや、様々な液体や気体の流れを対象として流体力学が活躍しています。人間が作り出すクルマや航空機、船などの設計では、空気抵抗や水の抵抗を減らすことが求められますし、航空機の設計では航空機を浮かび上がらせる揚力の計算が必要です。また、風や水流にさらされる各種の構造物、たとえば、ビルや橋、堤防の設計にも流体力学が必要です。さらには目立たないところでも流体力学は大活躍しています。それは、クルマ、船、航空機、工場、都市などの中の様々な配管の内側です。流れているのは、水の他に、油、蒸気、化学物質など様々です。人類が地球の表面付近で生活し、現代文明を維持発展させるためには、流体力学の知識は不可欠であるわけです。

　さて、このように重要な流体力学ですが、その中身の理

解は、必ずしも容易ではありません。本書を手に取った読者の中には、大学レベルの教科書や参考書を何冊か読んでみたが、どうも中身を理解できなかったという方もいらっしゃることでしょう。本書は、流体力学を学んでいく過程で、特に初学者にとって理解が難しい箇所を意図的に含む構成にしました。たとえば、ベルヌーイの定理の物理的概念や、2次元翼の理解に不可欠のジューコフスキー変換、それに応力と粘性の関係などです。本書は、これから流体力学を学び始める方だけでなく、流体力学の学習を試みてつまずいてしまった方にもお役にたてることでしょう。ところどころ数学のレベルが上がるところがありますが、紙とペンを用意して手計算で確かめていただくと、理解が容易になると思います。本書を読破して、「おわりに」までたどり着いたとき、流体力学の基本的な流れが脳内を滑らかに循環していることでしょう。それでは、流体力学の旅に出発しましょう。

もくじ

はじめに *3*

第1章

ベルヌーイの定理とはなんだろう *11*

飛行機はなぜ飛べるのか？ *12*
ベルヌーイの定理を確かめる簡単な方法 *15*
気体分子運動論で考えるベルヌーイの定理 *17*
分子集団の重心がx方向に動いている場合 *19*
ベルヌーイの定理 *22*
圧力は方向によって異なる？――動圧と静圧 *24*
圧力のエネルギー *27*
ベルヌーイの定理を最もうまく利用しているもの、それは翼 *30*
ベルヌーイとオイラー *33*

第2章

流体はどのような式で表されるか *39*

流れを把握するための流線 *40*
オイラーの方法とラグランジュの方法 *42*
流れの表現に不可欠な連続の式 *45*
流体の運動方程式――オイラーの方程式 *51*
渦の数学的表現 *57*
ストークスの定理 *62*
ストークス *65*

第3章

ベルヌーイの定理の数式を導く 67

オイラーの方程式からベルヌーイの定理を導く 68
ベルヌーイの定理の適用例1 —— ベンチュリ管 70
ベルヌーイの定理の適用例2 —— トリチェリの定理 73
ベルヌーイの定理の適用例3 —— ピトー管 75
ピトー 77

第4章

流れ関数と速度ポテンシャル —— 2次元流体の理論 81

2次元流体の理論 82
流れ関数と速度ポテンシャル 82
速度ポテンシャルを詳しく見る 84
渦ではない循環がある?! 88
物体のまわりの循環の値は閉曲線の大小で変わらない 90
流れ関数 92
流れ関数の値が一定である位置を線でつなぐと流線になる 98
複素数とは 100
流体力学を切り開いた天才たち 105

第5章 複素速度ポテンシャル 107

- 複素速度ポテンシャルの微分は何を表すか 108
- 複素速度ポテンシャルの具体例 111
- 湧き出しと吸い込み 114
- 奇っ怪なるもの、それは二重湧き出し 119
- 円形の循環の複素速度ポテンシャル 125

第6章 円のまわりの複素速度ポテンシャル 131

- 円柱のまわりの複素速度ポテンシャル
  ——一様な流れの場合 132
- 円のまわりの複素速度ポテンシャル
  ——一様な流れ＋循環の場合 137
- 円（柱）に働く揚力と抗力を求めよう 145

第7章 ブラジウスの公式とクッタ・ジューコフスキーの定理 153

2次元流れの中の物体に働く力の一般化
　　　　　——ブラジウスの公式 154
ブラジウスの第2公式——モーメントの算出 161
リリエンタール——翼で空を飛んだ人 165

第8章 2次元翼理論——ジューコフスキー変換 169

翼のまわりの複素速度ポテンシャルを求める方法 170
ジューコフスキー変換 171
ジューコフスキー変換で円はどのような形に変換されるか 172
平板翼への変換 174
一般ジューコフスキー翼への写像 176
ジューコフスキー変換と複素速度ポテンシャル 178
ジューコフスキー変換後の共役複素速度 181
ジューコフスキー変換で循環の値は変わらない 183
「円のまわりの斜めの一様な流れ＋循環」の
　　ジューコフスキー変換後の共役複素速度 186
ジューコフスキー翼の揚力 189
2次元翼理論のその後 192
揚力と浮力の違い　飛行機は重力のおかげで飛んでいる? 195
揚抗比 196
ジューコフスキーとクッタ 199

第9章 粘性のある流体とナビエ・ストークス方程式 203

粘性のある流体をどう扱うか 204
粘性による応力 206
面の垂線方向に働く粘性力 209
ナビエ・ストークス方程式 214
ナビエ・ストークス方程式の適用例 217
ナビエとストークス 221
層流と乱流 224
流れの剥離 225

おわりに 230

付録
運動エネルギー 232／全微分 233／ポテンシャルエネルギーと力 235／単位ベクトルと内積 235／オイラーの公式 235／logの微分 239／$\int_0^{2\pi} \sin\theta d\theta=0$, $\int_0^{2\pi} \sin^3\theta d\theta=0$, $\int_0^{2\pi} \cos2\theta d\theta=0$ 等の証明 240／$\cos\theta$の倍角公式 240／(7-10)式の少し異なる導出 242／ブラジウスの公式の周回積分を物体の外周の外側にとること 242

参考資料・文献 244

さくいん 246

第 **1** 章
ベルヌーイの定理とはなんだろう

■飛行機はなぜ飛べるのか?

人類初の動力飛行成功の瞬間
Rue des Archives/PPS通信社

　1903年12月17日、ノースカロライナ州の大西洋岸の砂丘地帯キルデビルヒルズで、ウィルバー(1867～1912)とオーヴィル(1871～1948)の二人のライト兄弟は、人類初の動力飛行機による飛翔に挑戦しようとしていました。キルデビルヒルズは大西洋からの強い風が吹く海岸で、二人はこの場所を飛行実験の好適地として選びました。実験にのぞむライトフライヤー号は上下に2枚の翼を持つ複葉機で、エンジンの出力はわずか12馬力でしたが、数多くの滑空実験に基づいて設計された機体でした。翼の断面は、リリエンタールのグライダーと同じく、上側に湾曲していました。オーヴィルが操る機体は、海風に向かってゆっくり滑走し、最初の飛行では12秒間に約40メートルを飛行しま

した。

　このライト兄弟による動力飛行は、言うまでもなくその後のめざましい航空機の発達の先駆けになりました。しかし、ライトフライヤー号が飛行したこの年、人類はまだ、揚力の計算方法を確立してはいませんでした。ライト兄弟の成功は、飛行の原理はわからないにしても、数多くの実験に基づいて得た勝利でした。

　読者の皆さんが利用する乗り物の中で、最もエキサイティングで謎に満ちているのは飛行機でしょう。筆者はかつて飛行機を利用するとき、一抹の不安を感じることがありました。当時、その不安の根源を自分なりに探ってみると、「なぜ飛行機が飛べるのかがわからない」ということに容易に行き着きました。得体の知れない機械に命を預けるというのは、やはりある種の緊張を強いられます。現代の飛行機はライトフライヤー号よりはるかに安全ですが、現代の乗客が機体に対して抱く信頼感はライト兄弟のライトフライヤー号への信頼感には及ばないかもしれません。この飛行機が飛ぶ原理が、本書の最初の主題であるベルヌーイの定理です。本書では、ベルヌーイの定理を解き明かし、さらにはこの原理に関わる流体力学の基本的な構造を明らかにすることを目指します。

　このベルヌーイの定理の特徴の一つを簡単に文で表すと

流速が上がると、流れに垂直な方向の圧力が下がる

になります。と言ってもほとんどの読者の方にはピンとこないと思われるので、もう少し具体的に図1-1で見てみま

距離 L 距離 $2L$

断面積 $2S$　体積 $V = 2S \times L$
圧力 P_{slow}

体積 $V = S \times 2L$　断面積 S
　　　　　　　　　　　圧力 P_{fast}

$$P_{slow} > P_{fast}$$

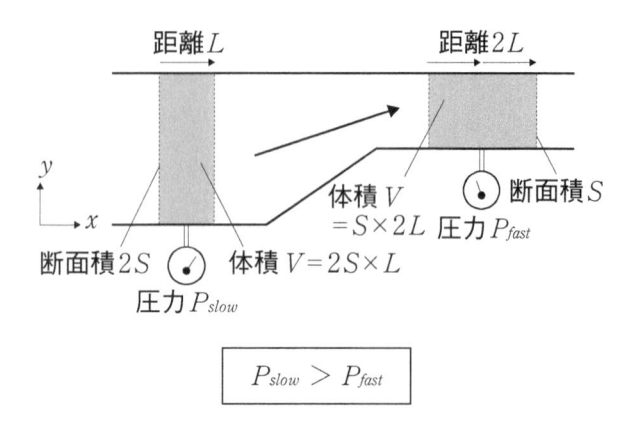

図1-1　流路の断面積が半分になると流速は2倍に

しょう。図1-1は水平に置かれた流路を上から見下ろした図で、x方向に空気が流れています。この流路の特徴は、途中から流路の幅が半分になっていることです。また、流路には2ヵ所にy方向の圧力を測る圧力計がついています。ここで、紙面に垂直な方向の流路の厚さは一定であるとしましょう。このとき、左から流れてきた空気の速度をv_0とすると、流路の右側では、幅が半分になるので、速度はその2倍の$2v_0$になります（ここで空気は圧縮されないとします）。たとえば、左側では一定の時間に空気は距離Lだけ右に進んで、体積Vの空気が流れたとします。左側での通路の断面積を$2S$として、この体積を式で表すと $V = 2S \times L$ です。同じ時間に流れる体積は右側でも左側でも同じなので、右側でも体積Vの流体が流れます。ただし、右側は断面積が左の半分のSなので、空気は距離$2L$進みます。式

第1章　ベルヌーイの定理とはなんだろう

で書くと、$V = S \times 2L$ です。つまり、右側では断面積が半分になったので、移動距離は L から $2L$ となり、流速は左の2倍になっています。ここではわかりやすい例として断面積の比を2倍にしましたが、これから流路が狭まれば流れが速くなることがわかります。

　このとき流れの速い右側で測った圧力P_{fast}が、流れの遅い左側の圧力P_{slow}より低いというのが、ベルヌーイの定理の表す典型的な現象です。不等式で書くと

$$P_{slow} > P_{fast}$$

です。つまり、流速が上がると、流れに垂直な方向の圧力が下がります。では、「なぜ圧力が下がるのか」ですが、それをこのあと見ていきましょう。

■ベルヌーイの定理を確かめる簡単な方法

　このベルヌーイの定理を簡単な実験で確かめてみましょう。現象を実際に目にしてみると、この原理がもっと身近になって興味も増すことでしょう。まず、ティッシュペーパーを1枚用意します。2枚重ねの場合は少し硬いので1枚にした方が良いでしょう。これを、図1-2のように両手で持って下に垂らします。次に顔を上から近づけて、息を下向きにティッシュペーパーの片側の脇を滑り落ちるように吹きます。口先をとがらせて「ふぅー」という感じで吹くと良いでしょう。息を直接、ティッシュペーパーに当ててしまうとうまくいきません。

　試してみると、ティッシュペーパーが息の方向にめくれ

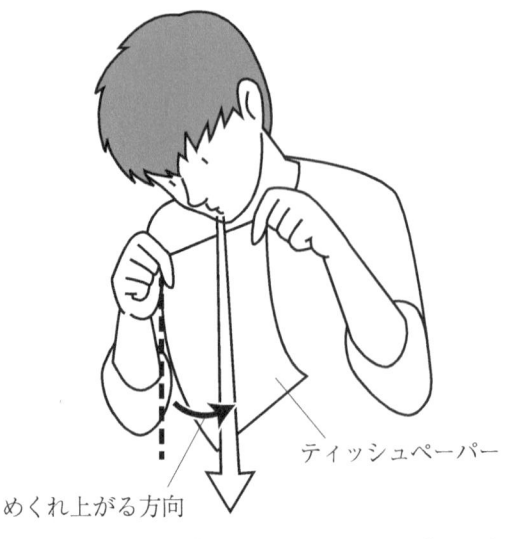

めくれ上がる方向　　　ティッシュペーパー

ティッシュペーパーの上端を指でつまんで、下に垂らします。上方から、ティッシュペーパーの脇を通り抜けるように強めに息を吹くと、ティッシュペーパーが息の方向にめくれ上がります。

図1-2　ベルヌーイの定理を確かめる簡単な実験

上がるのが観測できます。これは吹き下ろした息にベルヌーイの定理が働き、ティッシュペーパー側面での圧力が低くなったからです。圧力が下がったので、ティッシュペーパーの反対側の側面にかかっている気圧との均衡が崩れて、ティッシュペーパーは息を吹き下ろした面の方向に動いたのです。この実験はベルヌーイの定理をごく簡単に体験させてくれます。ティッシュペーパーからの距離を変えたり、息を吹く速さを変えたりしてみると、ベルヌーイの定理がより一層詳しく体感できるでしょう。息のスピード

第1章 ベルヌーイの定理とはなんだろう

を速くするほど、めくり上がりも大きくなります。

■気体分子運動論で考えるベルヌーイの定理

このベルヌーイの定理を、本書ではまず**気体分子運動論**で考えてみます。気体分子運動論というのは、気体を構成している分子の運動をもとにして、気体の圧力などを説明する理論です。「気体は分子からできていて、その微小な分子が様々な方向にてんでバラバラに走っている」と考えたのはダニエル・ベルヌーイ（1700～1782）その人でした。本書ではこの運動を「分子のランダムな運動」と呼ぶことにします。

この考え方に基づく理論が「気体分子運動論」です。図1-3に模式的にその様子を描きました。図のようにまわりに壁があったとすると、それぞれの壁に気体分子がぶつか

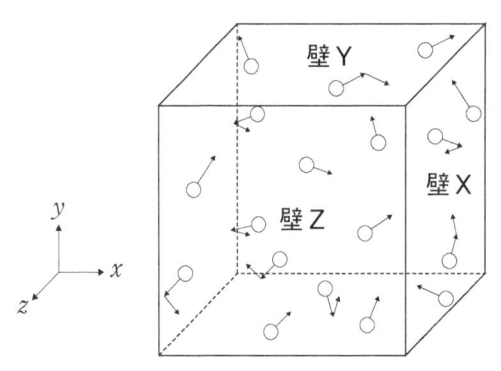

高速の多数の分子が壁にあたることで、圧力が発生します。

図1-3 気体分子による圧力（＝気圧）の模式図

ります。分子1個はとても軽くて小さいのですが、それぞれはものすごく高速で、かつ、たくさんあるので、その「ぶつかり」は無視できない大きさになります。このぶつかりの合計が**気圧**です。つまり、気圧はこの微小な気体分子のぶつかりによって生まれています。これらの分子のスピードは普通の気温では秒速約500mというとほうもない速さで、音速の1.3倍ほどもあります。

この走っている分子の質量をm、速度をvとすると、運動エネルギーは高校の物理で学ぶように$\frac{1}{2}mv^2$であり（付録参照：運動エネルギー）、分子の速度の2乗に比例します。速度の2乗をとるので、運動エネルギーは常にプラスになります。一定の体積中の気体分子全体の運動エネルギーは、これらの個々の分子の運動エネルギーを全部足しあわせたものなので$\sum \frac{1}{2}mv^2$となります。ここで、和を表す記号$\sum$の対象はこの分子集団のすべての分子です。分子のx, y, z方向の速度をv_x, v_y, v_zとすると、三平方の定理により$v^2 = v_x^2 + v_y^2 + v_z^2$の関係があります。

気体はx方向、y方向、z方向のそれぞれにでたらめに動いているので、一定の体積中の気体分子の集団の運動エネルギーは、

$$\sum \frac{1}{2}mv^2 = \sum \frac{1}{2}m\left(v_x^2 + v_y^2 + v_z^2\right)$$

$$= \sum \frac{1}{2} m v_x^2 + \sum \frac{1}{2} m v_y^2 + \sum \frac{1}{2} m v_z^2$$

となり、x, y, z の3つの方向の運動エネルギーにわけることができます。この気体分子の集団の重心は、観測者に対して静止しているとしましょう。重力の影響を考えないとすると、このとき観測者から見た3つの方向の分子の運動エネルギーが等しくなることは直観的にわかります。なぜなら、x, y, z の3つの方向には特別な差は何もないのですから。

気体分子運動論によると、このそれぞれ一方向の運動エネルギーと圧力は比例することがわかっています。たとえば、y方向の圧力をp_yとすると

$$p_y \propto \sum \frac{1}{2} m v_y^2 \qquad (1\text{-}1)$$

の関係があります。運動エネルギーが大きいほど、分子の速度は大きいので、壁に分子がぶつかって発生する圧力が大きくなることは直観的に理解できます。

■分子集団の重心がx方向に動いている場合

次に、この気体分子の集団がx方向に平均速度V_xで動いている場合を考えましょう。この場合、分子集団の重心の速度がV_xです。この重心と同じ速度で動いている座標系で観測した場合に、ランダムに運動している個々の分子のx方向の速度をv_xとします。この場合、x方向に速度v_xで動い

ている1つの分子に注目すると、静止した座標系から見たx方向の速度は、V_x+v_xです。したがって、この分子が持っている運動エネルギーは

$$\frac{1}{2}m(V_x+v_x)^2 = \frac{1}{2}m(V_x^2+2v_xV_x+v_x^2)$$

になります。今考えている分子集団に極めて多数の分子が含まれているとすると、この場合に、分子集団の重心と同じ速度で動いている座標系から観測した場合に、速度$-v_x$で動いている分子も必ず存在します。静止した座標系から見たこの分子のx方向の速度は、V_x-v_xなので、この分子が持っている運動エネルギーは

$$\frac{1}{2}m(V_x-v_x)^2 = \frac{1}{2}m(V_x^2-2v_xV_x+v_x^2)$$

です。したがって、この1組2個の分子の運動エネルギーは両者の和で

$$\begin{aligned}
&\frac{1}{2}m(V_x+v_x)^2 + \frac{1}{2}m(V_x-v_x)^2 \\
&= \frac{1}{2}m(V_x^2+2v_xV_x+v_x^2) + \frac{1}{2}m(V_x^2-2v_xV_x+v_x^2) \\
&= 2\times\left(\frac{1}{2}mV_x^2 + \frac{1}{2}mv_x^2\right)
\end{aligned}$$

となります。よって、この1組の分子が多数ある分子集団のx方向の全運動エネルギーは

第1章　ベルヌーイの定理とはなんだろう

$$\sum \frac{1}{2} mV_x^2 + \sum \frac{1}{2} mv_x^2 \qquad (1\text{-}2)$$

と書けます。これは分子集団の「全運動エネルギー」を第1項の「重心の運動エネルギー」と第2項の「分子のランダムな運動による運動エネルギー」に分離できることを表しています。

この分子集団の重心と同じ速度で動いている観測者から見ると、x方向、y方向、z方向の「ランダムな運動」は、前節での重心に対して静止した観測者の場合と同じく、どの方向も同じ運動に見えるはずです。よって、

$$\sum \frac{1}{2} mv_x^2 = \sum \frac{1}{2} mv_y^2 = \sum \frac{1}{2} mv_z^2 \qquad (1\text{-}3)$$

が成り立ちます。また、どの方向の圧力も同じになるでしょう。したがって、分子集団の「全運動エネルギー」は、

$$\sum \frac{1}{2} mV_x^2 + \sum \frac{1}{2} mv_x^2 + \sum \frac{1}{2} mv_y^2 + \sum \frac{1}{2} mv_z^2 = \sum \frac{1}{2} mV_x^2 + \sum \frac{3}{2} mv_y^2 \qquad (1\text{-}4)$$

となります。右辺の第1項は、分子集団の重心の平均の運動エネルギーで、第2項は分子のランダムな運動の運動エネルギーです。x方向、y方向、z方向のランダムな運動には(1-3)式が成り立つので、ここでは $3 \times \sum \frac{1}{2} mv_y^2$ で代表させています。

■ベルヌーイの定理

ベルヌーイの定理の理解のために、再度、図1-1の流路を考えてみましょう。左と右の体積Vの中の気体分子の集団の運動エネルギーについて考えます。簡単のために、壁と空気の間に摩擦や粘性が発生しないと仮定し、空気自身にも粘性や圧縮や膨張はないと仮定します。物理学の**エネルギー保存の法則**は、たとえば気体分子の集団を考えた場合に、その集団が外部とエネルギーのやりとりをしない限りは、その集団のエネルギーは増えることも減ることもないというものです。摩擦や粘性などがないと仮定すると、この空気の分子の集団は、左から右に流れていく過程で常にエネルギー保存の法則が成り立ち、エネルギーの減少や増加はないということになります。

図1-1の左の体積Vの中にある気体分子の集団が右に流れて、右の体積Vの中に入ったとすると、このとき気体分子の集団が持っている運動エネルギーの大きさは同じままです。一方で、右の集団の重心のx方向の平均速度は左の2倍になっています。左の分子集団の重心のx方向の速度をV_xとすると、右の分子集団の速度は$2V_x$なので重心の運動エネルギーは

$$\sum \frac{1}{2} m(2V_x)^2 = 4 \times \sum \frac{1}{2} mV_x^2$$

となります。つまり、左の4倍の運動エネルギーを持っています。よって、右の分子集団の分子のランダムな運動を

表すx, y, z方向の速度をv_x', v_y', v_z'とすると、エネルギー保存則は(1-4)式を使って

$$\sum \frac{1}{2} mV_x^2 + \sum \frac{3}{2} mv_y^2 = 4 \times \sum \frac{1}{2} mV_x^2 + \sum \frac{1}{2} mv_x'^2$$
$$+ \sum \frac{1}{2} mv_y'^2 + \sum \frac{1}{2} mv_z'^2$$
$$= 4 \times \sum \frac{1}{2} mV_x^2 + \sum \frac{3}{2} mv_y'^2$$

$$\therefore \sum \frac{1}{2} mv_y^2 = \sum \frac{1}{2} mV_x^2 + \sum \frac{1}{2} mv_y'^2$$

となります。$V_x \neq 0$ の場合には $\sum \frac{1}{2} mV_x^2 > 0$ なので、この式から必ず

$$\sum \frac{1}{2} mv_y^2 > \sum \frac{1}{2} mv_y'^2 \tag{1-5}$$

となることがわかります。つまり、図1-1の右側の分子集団は、x方向の重心の速度が2倍に大きくなったかわりに、y方向やz方向などのランダムな運動の運動エネルギーが小さくなったのです。

(1-1)式で述べたように、壁Yでの圧力は、気体分子集団のy方向の運動エネルギーに比例します。したがって、(1-5)式は壁YやZの圧力が減少することになります。これが、気体分子運動論で見たベルヌーイの定理です。ここでは理想気体を例にとりましたが、液体でも同様に考えることができます。ベルヌーイの定理の特徴の一つをより詳しく文で表すと

エネルギー保存則が成り立つ流路では、
　　流れが速くなると、流れに垂直方向の圧力は下がる

になります。

■**圧力は方向によって異なる？**　——動圧と静圧

　圧力は、場合によって等方的（どの方向でも同じこと）であったり、非等方的であったりします。この点には、多少混乱するかもしれません。そこで、これを整理しておきましょう。

　圧力が、等方的であったり、あるいは非等方的であったりするかの違いは実は簡単で、「圧力計が分子集団（流体）の重心に対して静止しているか、それとも動いているか」が判断のポイントです。たとえば、無風の地上に静止した圧力計でx, y, zの3方向の空気の圧力を測る場合には、流体（空気）の重心は圧力計に対して静止しています。このとき、x, y, zのどの方向を測っても圧力計は同じ値を示します（図1-4の上図）。この「圧力計が流体の重心に対して静止している場合に測った圧力」を**静圧**と呼びます。静圧は、個々の分子のランダムな運動によって生じる圧力です。

　次に、地上で秒速3メートルの風が吹いていたとして、その風と同じ方向に同じ速さで動いている観測者がいたとします。また、空気には圧縮や膨張はないとします。このとき観測者から見ると、まったくの無風状態であり、$x,$

第1章 ベルヌーイの定理とはなんだろう

気体の重心が観測者に対して静止しているとき

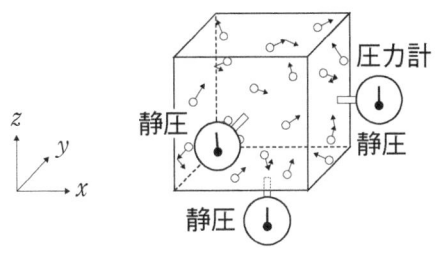

$$\sum \frac{1}{2}mv_x^2 = \sum \frac{1}{2}mv_y^2 = \sum \frac{1}{2}mv_z^2$$

三方向の運動エネルギーが等しいので三方向の圧力も同じです。

$$p_x = p_y = p_z$$

気体の重心が観測者に対して速度V_xで動いているとき

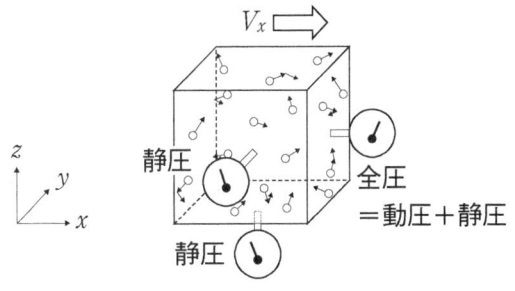

$$\sum \frac{1}{2}mV_x^2 + \sum \frac{1}{2}mv_x^2 > \sum \frac{1}{2}mv_y^2 = \sum \frac{1}{2}mv_z^2$$

x方向の運動エネルギーが大きいのでx方向の圧力が高くなります。

$$p_x > p_y = p_z$$

図1-4 圧力は方向によって異なるか?

y,zのどの方向を測っても圧力計は同じ値を示します。この圧力も静圧で、数式では(1-2)式の第2項のランダムな運動による運動エネルギーに対応する圧力です。

　一方、観測者が地上に静止し、秒速3メートルの風が吹いている場合はどうなるでしょうか。風に向かって圧力計を向けたときには、気体は(1-2)式の第2項に加えて、第1項の運動エネルギーも持っているので、圧力は他の方向より高くなると考えられます。また、風向きに垂直な方向に圧力計を向けたときには、y方向のランダムな運動による運動エネルギー $\sum \frac{1}{2}mv_y^2$ によって生み出される圧力である静圧だけを測定することになります（図1-4の下図）。この静圧は(1-3)式の関係から(1-2)式の第2項の運動エネルギー $\sum \frac{1}{2}mv_x^2$ によって生み出される圧力と同じです。この風に向かって測った圧力を**全圧**と呼びます。この全圧は、静圧（(1-2)式の第2項のランダムな運動のエネルギーによる圧力）に、流体の重心が圧力計に対して運動エネルギーを持っていることによる圧力（(1-2)式の第1項の運動エネルギーによる圧力で、これを**動圧**と呼びます）を加えたものです。

全圧＝静圧（個々の気体分子のランダムな運動による圧力）
　　　＋動圧（気体分子の集団の重心が持つ一方向への運
　　　　　　による圧力）

全圧は、重心の運動エネルギー分の圧力（動圧）だけ、分子のランダムな運動によって生じる静圧よりも大きくなるというわけです。

これまでは、圧力と言ったときに、静圧なのか動圧なのかを区別しないで使ってきたのですが、ここからは両者の区別に注意を払うことにしましょう。なお、本書でこのあと単に圧力と書いている場合は、静圧を表します。

■圧力のエネルギー

圧力はエネルギーを持っています。と言っても、「圧力のエネルギー」というのは耳慣れない言葉だと思います。これを見ておきましょう。圧力によるエネルギーは、重力によるポテンシャルエネルギーとの関係で考えるとわかりやすいでしょう。重力によるポテンシャルエネルギーは高校の物理では「位置エネルギー」として学びます。質量mの物体が高さhの位置にあるときの「位置エネルギー＝重力によるポテンシャルエネルギー」は、重力加速度をgとしたときmghであり（$g=9.8m/秒^2$）、高度が高くなるほど大きくなり、低くなるほど小さくなります。

図1-5は地球の空気を表していると考えて下さい（海中の海水と考えても以下の結果は同じです）。ここで厚さdzの薄い空気の層に働く力について考えましょう。質量mの空気に働く重力はmgです。空気の密度をρとすると、図1-5の厚さdzの部分の質量は単位面積当たりρdzなので（単位面積＝1）、働く重力は

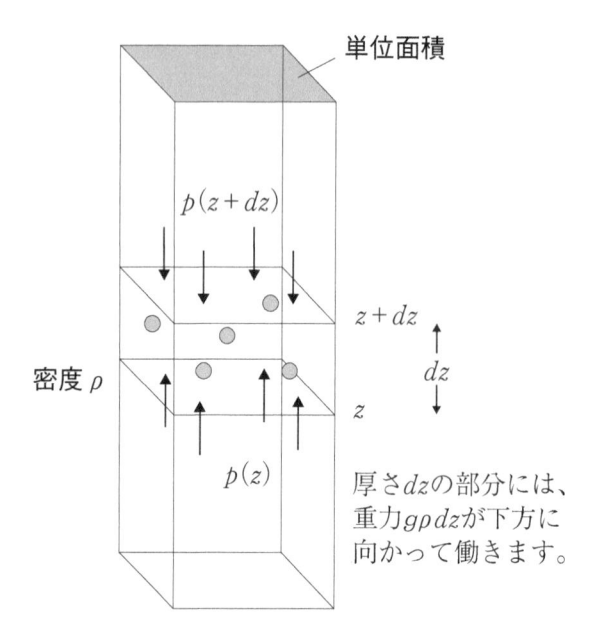

図1-5 厚さdzの空気の層の力の釣り合いを考える

$$-g\rho dz$$

で表されます。マイナスがついているのは、重力の働く方向が$-z$方向だからです。

この空気の層の重心が静止している場合の（空気の分子はランダムに動いていますが）、力の釣り合いを考えてみましょう。上方からは圧力$-p(z+dz)$が働き、下方からは圧力$p(z)$が働きます。これにさきほどの重力$g\rho dz$が働

くので

$$p(z) - p(z+dz) - g\rho dz = 0$$

が成り立っています。これを書き換えると

$$dp \equiv p(z+dz) - p(z) = -g\rho dz$$
$$\therefore gdz = -\frac{dp}{\rho}$$

となります。ここでdpは上式で定義したように圧力の変化を表します。この式は、左辺の高さの変化と、右辺の圧力の変化との関係を表しています。高さがdz増えると、その空気層の重量分の重力が減るので、空気層を下から支える圧力はdpだけ減少することを表しています。両辺を積分して、高さzでの単位体積当たりの空気の質量mをかけると

$$mg \int dz = -\frac{m}{\rho} \int dp$$
$$\therefore mgz = -m\frac{p}{\rho} + C \quad （Cは定数）$$

となります。左辺は、位置エネルギーそのもので、高さzが大きくなると増え、zが小さくなると減ります。左辺が重力のポテンシャルエネルギーであるなら、それと等号で結ばれている右辺もエネルギーを表していることになります。すなわち、圧力のエネルギーはmp/ρで表されます。右辺の圧力のエネルギーは、高度が高くなるほど小さくなり、高度が低くなるほど大きくなります。この式をさらに

書き換えると

$$mgz + m\frac{p}{\rho} = C$$

となりますが、これは、重力のポテンシャルエネルギーと圧力のエネルギーの和は一定の値となることを表しています。つまりこれは、エネルギー保存の法則を表しています。

■ベルヌーイの定理を最もうまく利用しているもの、それは翼

　ベルヌーイの定理を最も上手に活用しているものの一つが、飛行機の翼です。模式的な翼の断面図を図1-6に示します。この図では、上面が円弧型で、下面が平面の翼を表しています。この翼の上面と下面に沿って空気が流れる場合を考えてみましょう。この翼は、上面が湾曲しているため、流路を狭めるのと同じ効果を持ちます。たとえば、図1-6のように点線のところに気圧の壁があると仮定すると、流路が狭まるのと同じ効果を持つことがわかります。ただし、この壁は、図1-1のような完全な硬い壁ではなく、気圧分の圧力しかない弱い壁です。したがって、図1-1の流路ほどは、流速は速くなりません。しかし、流路が最も狭くなる翼の上端に近づくほど流速が速くなり、流れに垂直な方向の圧力が下がることがこの図からわかります。

　一方、下面では空気は曲がらずにまっすぐに流れるの

第1章 ベルヌーイの定理とはなんだろう

流れが最も速いのは、
流路が最も狭くなる上端部分

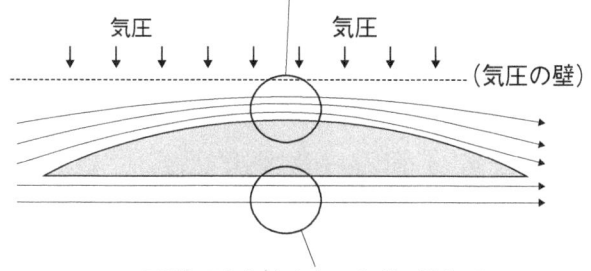

気圧　　　　　気圧

‥‥‥‥‥‥‥‥‥‥‥‥‥‥‥‥‥‥‥‥（気圧の壁）

下面では空気はまっすぐに流れるので、
流れに垂直な方向の圧力は低下しません。

点線の位置に気圧の壁があると考えると、流路が狭まるので流速が速くなると理解できます。ただし、気圧の壁なので、弱い壁です。一方、下面では空気はまっすぐに流れるので、流れに垂直な方向の圧力は低下せず、総合すると翼には上方に力が働きます。

図1-6　翼の模式図

で、流れに垂直な方向の圧力は低下しません。したがって、上面側の圧力が下面に比べて相対的に下がるので、総合すると翼には上方への力が働きます。

　人間の息の流速では、ティッシュペーパー1枚を動かす程度ですが、流速が速くなればなるほど圧力の低下は大きくなります。飛行機の離陸速度は、旅客機の場合で大体時速300kmぐらいです。世界最大の旅客機であるエアバスA380を例にとると、離陸時で翼の1m^2当たり、662kgもの揚力が生まれます。1m^2当たり、約0.7トンなので、人間ほぼ10人分です。A380の翼の面積は、845m^2もあるので、総計で500トンを超える揚力が生まれます。

世界最大の旅客機　エアバスA380

　ベルヌーイの定理の望ましくない効果も見ておきましょう。それは船に働いた場合です。図1-7のように、2隻の船が並走しているときには、要注意です。2隻の船が近づきすぎると、船体の形によって、船と船の間を流れる流路

　並走する2隻の船が近づきすぎると、ベルヌーイの定理が
　働いて、船が互いに引き寄せられます。

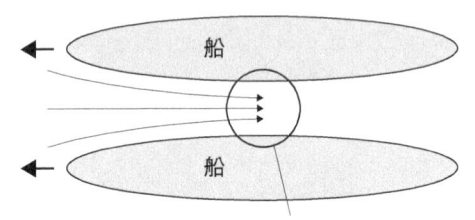

船

船

流れに垂直な圧力は、この部分で最も下がります。

図 1-7　近距離で並走する船の間に働くベルヌーイの定理

が狭くなるので、ベルヌーイの定理が働いて流れに垂直な方向の水圧が下がり、2隻の船は互いに引きつけられます。このため、並走する2隻の船では、互いに近づきすぎると接触事故が発生する可能性があります。このベルヌーイの定理によって生じる引力の大きさは、操船者にとって見誤りやすいようで、これまでにかなりの数の海難事故が発生しています。

■ベルヌーイとオイラー

　このベルヌーイの定理を生み出したダニエル・ベルヌーイとはどのような人物だったのでしょうか。ベルヌーイは、1700年にオランダで生まれました。ベルヌーイ家は数世代にわたって天才を生み出し続けた家系で、父ヨハン・ベルヌーイ（1667〜1748）や伯父のヤコブ・ベルヌーイ

ダニエル・ベルヌーイ

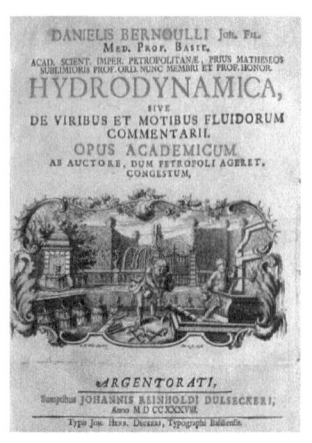

Hydrodynamica

（1654〜1705）も有名な科学者です。

　ダニエルは、流体力学と気体分子運動論の元祖とも呼ぶべき科学者で、さらに数学でも大きな業績をあげています。ダニエルが5歳の時に一家は故郷のスイスのバーゼルに戻りました。ダニエルはやがてバーゼル大学に進み、薬学を学びましたが、数学は父のもとで独学しました。

　ダニエルは1725年にロシアのアカデミーに職を得ました。当時、科学者が定収を得られるポストは限られていて、ロシアにまで足を運んだわけです。ダニエルはロシアに8年間滞在した後、スイスのバーゼル大学で職を得ました。1738年に発表した著書『Hydrodynamica（ハイドロダイナミカ：水力学)』に「ベルヌーイの定理」が登場します。この『Hydrodynamica』は、流体力学の始祖というべ

オイラー

き書物です。

　ヨハン・ベルヌーイとダニエルの親子関係は奇妙なものでした。18世紀には、パリのアカデミーとプロイセンのアカデミーが科学的問題に関する懸賞を多く出しました。これらの賞をめぐって親子は争うこともありました。ヨハン・ベルヌーイはダニエルより後の1743年に『Hydraulics（ハイドロリクス：水理学）』を出版しましたが、出版年を1732年と偽りました。ダニエルの『Hydrodynamica』よりも先んじた研究であると偽ろうとしたと考えられています。ただし、『Hydraulics』は『Hydrodynamica』より進んだ内容も含んでいたので、水力学・水理学の発展には貢献しました。ダニエルの没年は、1782年で、生前に科学者として大きな賞賛を得ました。

次章で述べるオイラーの方程式を生み出したオイラー（1707〜1783）は1707年にスイスのバーゼルに生まれました。18世紀を代表する数学者です。オイラーは神童で、13歳でバーゼル大学の哲学部に入学し、15歳で卒業しました。その２年後の17歳で修士の学位を得ました。

　バーゼル大学でオイラーは、ヨハン・ベルヌーイから数学の指導を受けました。もっとも、講義を受けたわけではなく、数学書をオイラーが自習し、疑問点のみを教えてもらうという形式だったそうです。オイラーはまた、ヨハンの息子でオイラーより７歳年上のダニエル・ベルヌーイと友人になりました。

　ダニエルは、1725年にロシアのアカデミーに職を得ましたが、２年後の1727年に、ダニエルの助力によりオイラーもロシアのアカデミーに職を得ました。当時、数学者のポストは極めて少数でした。

　オイラーは精力的に仕事に取り組む人でした。1740年ごろまでに片目の視力を失いました。本人は作図等の過労が原因であると考えていたようです。オイラーは、1741年にプロイセンのアカデミーに移り、ベルリンに滞在しました。啓蒙専制君主として有名なプロイセンの王フリードリヒ２世（1712〜1786）の招きによるものです。オイラーはベルリンでも数多くの業績をあげました。複素数（ふくそすう）に関する「オイラーの公式」の発表は1748年で、流体力学の「オイラーの方程式」の発表は1755年でした。1766年にフリードリヒ大王との関係が悪くなると、25年間滞在したベルリンを離れ、再びサンクトペテルブルグに戻りました。

このときのロシアの支配者は、こちらも啓蒙専制君主として有名なドイツ生まれのエカチェリーナ2世（1729〜1796）です。オイラーは、ロシアに戻って間もなく白内障と思われる病気によって、もう1つの目の視力も失いました。しかし、持ち前の抜群の記憶力と、弟子による口述筆記に助けられて、この第2期のロシア滞在時に400もの論文や書籍を刊行しました。

　オイラーは、もともと極めて才能に恵まれていたためか、自身の業績のプライオリティ（優先権）にはほとんど関心がなく、同時に他人の業績のプライオリティにも関心がなかったそうです。このため、プライオリティに敏感な他の数学者たちをとまどわせたこともあったようです。オイラーの没年は、1783年で、ダニエルの没年の翌年でした。

　さて本章では、ベルヌーイの定理の本質を早々と理解し、さらに圧力についての認識を深めました。次章では「流れ」という現象の数式化に本格的に取り組みましょう。

第 **2** 章
流体はどのような式で表されるか

■流れを把握するための流線

　物理学は、自然現象を数式で表し、その自然現象を計算可能な対象に変えるところに特徴があります。計算が可能になれば、その自然現象の予測や制御が可能になり、人間が作る様々な文明の利器にも応用できます。流体力学では、「流れ」を数式化して計算可能なものに変えます。本章では、この「流れの数式化」を見ていきましょう。本章と次章では、流体力学の根幹をなす3つの重要な数式を導きます。

　「流れ」を観測するために、"ある流れ"の中の"ある一瞬"

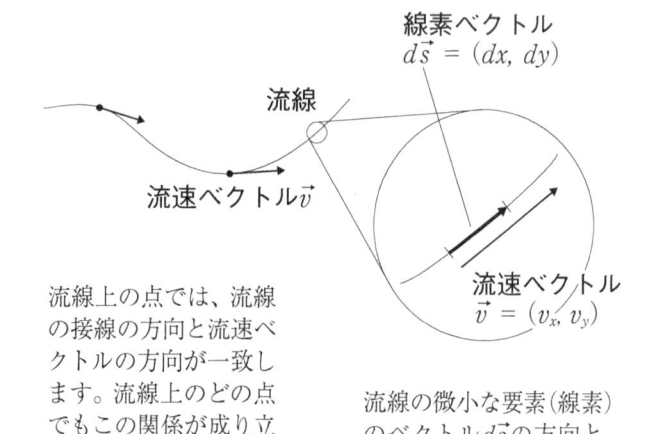

線素ベクトル
$d\vec{s} = (dx, dy)$

流線

流速ベクトル $\vec{v}$

流速ベクトル
$\vec{v} = (v_x, v_y)$

流線上の点では、流線の接線の方向と流速ベクトルの方向が一致します。流線上のどの点でもこの関係が成り立つので、「流線を横切る流れ」はありません。

流線の微小な要素（線素）のベクトル $d\vec{s}$ の方向と、流速ベクトル $\vec{v}$ の方向は一致します。

図2-1　流線と流速ベクトルと線素ベクトル

を写真に撮ったとします。このカメラは特殊なカメラで、その流れの上のどの座標点での流れの速度ベクトルも記録できるとします。このとき、流れを表現する手段として**流線**(りゅうせん)というものを定義します。流線とは、その線上のある一点に注目すると、「その点の接線」が「その点の流れの方向」と一致している線です。たとえば、図2-1がその一例で、ここでは簡単のために2次元の流れを考えます。

流れの"ある点"の速度ベクトル $\vec{v} = (v_x, v_y)$ を、**流速ベクトル**と呼びます。この流速ベクトルの方向は、その点での流れの方向を表します。流線の微小な要素（線素）をベクトルを使って $\vec{ds} = (dx, dy)$ と表すことにすると、流線の接線と流れの方向が一致するということは、数式では

$$v_x : v_y = dx : dy$$

と表せます。ここで、記号「：」は、比を表します。この式は左辺と右辺のそれぞれの成分が定数倍しか違わないことを表しているので、その係数を K と置くと

$$dx = Kv_x, \quad dy = Kv_y$$

と書くこともできます。したがって、K でまとめると

$$(K=)\frac{dx}{v_x} = \frac{dy}{v_y} \tag{2-1}$$

になります。この(2-1)式は流線の性質を表す式です。

流線には、また、

流線を横切る流れは存在しない

という面白い性質があります。ここまでに見たように、流線上のどの点をとっても、その点での接線の方向と流速ベクトルの方向は同じです。つまり、流線を横切る流れは、流線上のどの部分にも存在しないということになります。

　流れが時間的に変動しない定常流の場合には、「流れていく流体の一部」に注目すると、その「流体の一部」が流れる軌跡は1本の流線に一致します。しかし、定常流でない場合には、流線は時々刻々と変化するので、その「流体の一部」の流れの軌跡は流線とは一致しなくなります。

■オイラーの方法とラグランジュの方法

　流れを把握するには2つの方法があります。仮に土木技師になったとして、川の流れを観測する場合を考えてみましょう。図2-2のように川にかかる橋の上に立って橋の上流側と下流側に目盛りを振り、それぞれの座標での流速を知ることによって流れを把握する方法を**オイラーの方法**と呼びます。一方、観測用のボートを川に浮かべて、流されていくボートの位置を追いかけることによって流れを知る方法を**ラグランジュの方法**と呼びます。

　一般に流体力学では、オイラーの方法の方が数学的な取り扱いが簡単なのでよく使われています。オイラーの方法では、図2-2の川の流れを表すために、座標 (x, y) の時間

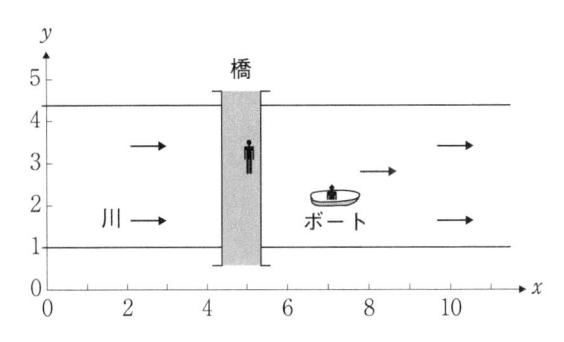

第2章 流体はどのような式で表されるか

図 2-2 流れを把握するためのオイラーの方法とラグランジュの方法

t での流速の x 成分 $v_x\left(=\dfrac{dx}{dt}\right)$ と y 成分 $v_y\left(=\dfrac{dy}{dt}\right)$ を

$$v_x(x, y, t), \quad v_y(x, y, t)$$

と表します。

　関数が複数の変数によって書けるときに（この場合には、x, y, t の3つの変数）、そのうちの1つの変数によって微分することを**偏微分**と言います。偏微分では、微分を表す記号として d ではなく ∂（読み方は、ラウンドディーとか単にディーとか数種類あります）を使います。短い時間 dt の間の $v_x(x, y, t)$ の変化 $dv_x(x, y, t)$ は、偏微分を使って

$$dv_x(x, y, t) = \frac{\partial v_x(x, y, t)}{\partial t} dt + \frac{dx}{dt}\frac{\partial v_x(x, y, t)}{\partial x} dt + \frac{dy}{dt}\frac{\partial v_x(x, y, t)}{\partial y} dt$$

43

$$= \frac{\partial v_x(x,y,t)}{\partial t} dt + v_x \frac{\partial v_x(x,y,t)}{\partial x} dt + v_y \frac{\partial v_x(x,y,t)}{\partial y} dt$$

と表されます(付録参照:全微分)。この式の両辺をdtで割ると

$$\frac{dv_x(x,y,t)}{dt} = \frac{\partial v_x(x,y,t)}{\partial t} + v_x \frac{\partial v_x(x,y,t)}{\partial x} + v_y \frac{\partial v_x(x,y,t)}{\partial y}$$

となります。(x,y,t)を省略して書くと

$$\frac{dv_x}{dt} = \frac{\partial v_x}{\partial t} + v_x \frac{\partial v_x}{\partial x} + v_y \frac{\partial v_x}{\partial y} \qquad (2\text{-}2)$$

です。流体力学では、左辺の微分 $\frac{dv_x}{dt}$ と右辺の偏微分 $\frac{\partial v_x}{\partial t}$ との混同を避けるために、左辺の微分を表す記号dをDで置き換えて、$\frac{dv_x}{dt}$ を $\frac{Dv_x}{Dt}$ で表すこともあります。

(2-2)式は2次元の流路を対象としていますが、より簡単なx方向に流れる1次元の流路では、(2-2)式からyを含む項が消えて、

$$\left(\frac{Dv_x}{Dt} \equiv \right) \frac{dv_x}{dt} = \frac{\partial v_x}{\partial t} + v_x \frac{\partial v_x}{\partial x} \qquad (2\text{-}3)$$

となります。この場合は、次の微分の関係式を右辺の第2項に使うと

$$\frac{1}{2}\frac{\partial}{\partial x}(v_x^2) = v_x \frac{\partial v_x}{\partial x}$$

(2-3)式は

$$\left(\frac{Dv_x}{Dt}\equiv\right)\frac{dv_x}{dt} = \frac{\partial v_x}{\partial t} + \frac{1}{2}\frac{\partial}{\partial x}(v_x^2) \qquad (2\text{-}4)$$

となります。この式は次章でベルヌーイの定理を表す式を導くときに役に立ちます。

■流れの表現に不可欠な連続の式

　流れを表す根幹となる数式は3つありますが、その中で最も基本的で重要なものは**連続の式**です。この連続の式に取り組んでみましょう。

　連続の式は、以下のように流体の連続性を考えると導出できます。まず、連続の式を理解しやすくするために、「流体を構成する分子」を「高速道路上のクルマ」に置き換えて考えてみましょう。図2-3の上図の東名高速道路の上り線がモデルです。高速道路の位置AとBの間の距離1000メートルの区間にあるクルマの台数n台を問題にします。このとき、位置Aでは大阪方面から毎分20台のクルマが流れてきて、位置Bでは東京方面に毎分20台のクルマが流れていくとします。これを式に書くと（このモデルの単位時間は「分」にします）、

```
A ← 長さ1000mの区間 → B
```

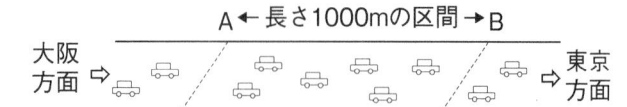

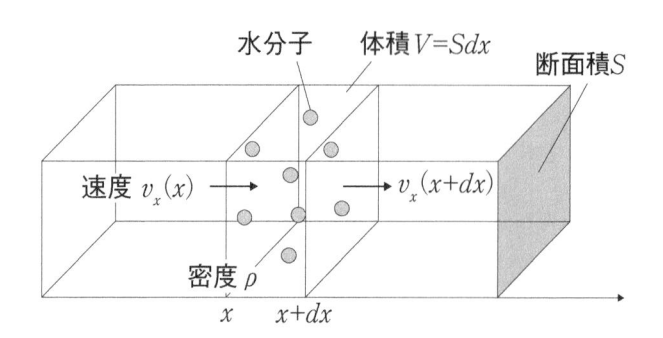

大阪方面 ⇒ 　　　　　　　　　　　　　　　⇒ 東京方面

注：実際の水分子はもっと稠密につまっています。

図2-3　細長い管で連続の式を考えよう

毎分の台数の変化＝大阪方面からの台数
　　　　　　　　　－東京方面への台数

なので、

$$\frac{\partial n}{\partial t} = 20 - 20 = 0$$

となります。これがクルマの流れに関する連続の式です。この式は、長さ1000メートルの区間の台数が、増えも減りもしていないことを示しています。一方、東京方面で何らかの理由で渋滞が始まり平均速度が落ちて、位置Bで東京

方面に流れていくクルマの数が毎分19台に減ったとすると、

$$\frac{\partial n}{\partial t} = 20 - 19 = 1$$

となり、毎分1台の割合でこの区間のクルマの数が増えていくことになります。

　流体の場合は、連続の式を考えるモデルとして、図2-3の下図のような断面積Sの細長い管を流れる水流を考えることにします。ここで座標xと$x+dx$の間の領域について考えましょう。この観測する微小な領域の座標は変化せず固定されているとします。この領域に含まれる分子数の変化に注目しましょう。この分子数の変化は、座標xの位置での断面を横切って左から流れ込む分子数から、座標$x+dx$に位置する断面を横切って右に流れ出す分子数を引けば求められます。まず、時間tでの座標xでのx方向の流体の速度を$v_x(x,t)$とすると、単位時間の間にこの断面をすり抜けて流れ込む流体の体積は$v_x(x,t)S$です。この体積に含まれる分子数nは、これに座標xでの（体積）密度$\rho(x,t)$をかけて分子1個の質量mで割れば求まるので、$\rho(x,t)v_x(x,t)S/m$となります。同様に、座標$x+dx$に位置する断面をすり抜けて流れ出す分子数は、座標$x+dx$での密度$\rho(x+dx,t)$と速度$v_x(x+dx,t)$を使って、$\rho(x+dx,t)v_x(x+dx,t)S/m$となります。したがって、体積$Sdx$の微小部分での分子数$n(x,t)$の時間変化（単位時間当たりの変化）は、この2つの差となって、

$$\frac{\partial n(x,t)}{\partial t} = \frac{\rho(x,t)v_x(x,t)S}{m} - \frac{\rho(x+dx,t)v_x(x+dx,t)S}{m}$$

となります。ここでは分子数 $n(x,t)$ は場所 x と時間 t の関数です。

これに、密度と速度の偏微分の定義式

$$\frac{\partial \rho}{\partial x} \equiv \frac{\rho(x+dx,t) - \rho(x,t)}{dx}$$
$$\frac{\partial v_x}{\partial x} \equiv \frac{v_x(x+dx,t) - v_x(x,t)}{dx}$$

を使って右辺の第2項の $\rho(x+dx,t)$ と $v_x(x+dx,t)$ を置き換え、両辺に m をかけると

$$m\frac{\partial n(x,t)}{\partial t} = \left\{\rho(x,t)v_x(x,t)S - \left(\rho(x,t) + \frac{\partial \rho}{\partial x}dx\right)\left(v_x(x,t) + \frac{\partial v_x}{\partial x}dx\right)S\right\}$$
$$\cong \left(-\rho(x,t)\frac{\partial v_x}{\partial x}dx - v_x(x,t)\frac{\partial \rho}{\partial x}dx\right)S$$
$$= \left(-\rho(x,t)\frac{\partial v_x}{\partial x} - v_x(x,t)\frac{\partial \rho}{\partial x}\right)Sdx$$

となります。この式変形では、1行目の右辺に現れる dx の2乗の項は、微小な量 dx を2乗することによって、さらに小さな値になるので2行目では無視しています。

続いて、両辺を Sdx で割り、左辺に $\rho = \frac{mn}{Sdx}$ の関係(密度=質量÷体積)を使うと

$$\frac{\partial \rho}{\partial t} = -\rho \frac{\partial v_x}{\partial x} - v_x \frac{\partial \rho}{\partial x}$$
$$= -\frac{\partial (\rho v_x)}{\partial x} \qquad (2\text{-}5)$$

となります。なおここでは表記を簡単にするために(x, t)を省略しました。これが1次元の**連続の式**です。この流体が非圧縮性の流体の場合には、密度ρは時間や場所によって変化しないので

$$\frac{\partial \rho}{\partial t} = 0 \ \ \text{と} \ \ \frac{\partial \rho}{\partial x} = 0$$

が成り立つので、(2-5)式は

$$0 = \frac{\partial \rho}{\partial t} = -\frac{\partial (\rho v_x)}{\partial x}$$
$$= -v_x \frac{\partial \rho}{\partial x} - \rho \frac{\partial v_x}{\partial x}$$
$$= -\rho \frac{\partial v_x}{\partial x}$$
$$\therefore \frac{\partial v_x}{\partial x} = 0 \qquad (2\text{-}6)$$

となります。これは、先ほどの高速道路の例えに戻ると、区間内の台数の変化がゼロの場合に（上式では、$0 = \frac{\partial \rho}{\partial t}$）、進行方向の平均速度が点AとBの地点で同じであることに対応します（上式では、$\frac{\partial v_x}{\partial x} = 0$）。

　流れが1次元ではなく、2次元や3次元の場合には、x

方向に加えてy方向やz方向の流れがあるので、同様に計算すると、(2-5)式の右辺に $-\dfrac{\partial(\rho v_y)}{\partial y}$ や $-\dfrac{\partial(\rho v_z)}{\partial z}$ を加えて

2次元の場合　　$\dfrac{\partial \rho}{\partial t} = -\dfrac{\partial(\rho v_x)}{\partial x} - \dfrac{\partial(\rho v_y)}{\partial y}$ 　　　　(2-7)

3次元の場合　　$\dfrac{\partial \rho}{\partial t} = -\dfrac{\partial(\rho v_x)}{\partial x} - \dfrac{\partial(\rho v_y)}{\partial y} - \dfrac{\partial(\rho v_z)}{\partial z}$

(2-8)

となります。

　この流体が非圧縮性の流体の場合には、密度ρは時間や場所によって変化しないので（$\dfrac{\partial \rho}{\partial t}=0,\ \dfrac{\partial \rho}{\partial x}=0$ など）、1次元の場合と同様に計算すると

2次元の場合　　　$0 = \dfrac{\partial \rho}{\partial t} = -\rho\dfrac{\partial v_x}{\partial x} - \rho\dfrac{\partial v_y}{\partial y}$

　　　　　　　　$\therefore\ \dfrac{\partial v_x}{\partial x} + \dfrac{\partial v_y}{\partial y} = 0$ 　　　　(2-9)

3次元の場合　　　$\dfrac{\partial v_x}{\partial x} + \dfrac{\partial v_y}{\partial y} + \dfrac{\partial v_z}{\partial z} = 0$ 　　　　(2-10)

となります。

　ベクトルの演算記号には、**ダイバージェンス**（divergence）と呼ばれるものがあります。これは記号を

divと書き、日本の数学用語では、**発散**と呼びます。divはベクトル$\vec{a}$に対して次式のような演算を行います。

2次元のベクトル$\vec{a}=(a_x, a_y)$の場合 $\mathrm{div}\,\vec{a} = \dfrac{\partial a_x}{\partial x} + \dfrac{\partial a_y}{\partial y}$

3次元のベクトル$\vec{a}=(a_x, a_y, a_z)$の場合

$$\mathrm{div}\,\vec{a} = \frac{\partial a_x}{\partial x} + \frac{\partial a_y}{\partial y} + \frac{\partial a_z}{\partial z}$$

したがって、(2-5)、(2-7)、(2-8)式をdivを使って表すと、

$$\frac{\partial \rho}{\partial t} + \mathrm{div}\left(\rho \vec{v}\right) = 0 \qquad (2\text{-}11)$$

と表され、(2-6)、(2-9)、(2-10)式は

$$\mathrm{div}\,\vec{v} = 0 \qquad (2\text{-}12)$$

と表されます。(2-11)式は、一般的な**連続の式**で、(2-12)式は非圧縮性流体の連続の式です。

■流体の運動方程式──オイラーの方程式

連続の式と並んで重要なのが**オイラーの方程式**と呼ばれている運動方程式です。力学で学ぶニュートンの運動方程式は、力F、質量m、加速度aの間に

$$F(力) = m(質量) \times a(加速度)$$

という関係が成り立つというものでした。このニュートンの運動方程式を、図2-4の水平に置かれた管の中の水流の厚さdxの部分に適用してみましょう。ここでは簡単のためにx方向の流れだけがある1次元の系を考えます。ただし、連続の式の場合とは違ってここでは「運動」について考えるので、この厚さdxの部分はその中に含まれる水分子の平均の速度でx方向に移動しているものとします。

この厚さdxの部分の体積の質量は、体積Sdxに密度ρをかけた$\rho S dx$です。座標xでのx方向の流体の圧力を$p(x)$とし、座標$x+dx$の流体の圧力を$p(x+dx)$とします。座標xの面に働く力は圧力$p(x)$に面積Sをかけた$p(x)S$であり（図2-4の左から右に働く力）、座標$x+dx$の面に働く力は圧力

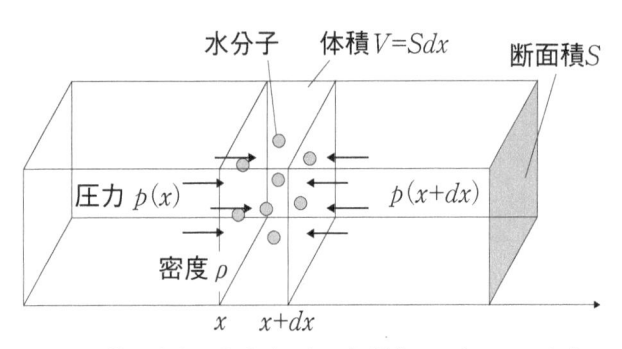

注：実際の水分子はもっと稠密につまっています。

図2-4 体積Sdxの領域に働く力を考えよう

$p(x+dx)$ に面積Sをかけた $p(x+dx)S$ であるので(図2-4の右から左に働く力)、厚さdxの部分に働く力はこの両者の差となり、

$$\{p(x) - p(x+dx)\}S$$

となります。なお、ここでの圧力は「移動している微小な体積Sdx」から観測した圧力で静圧のことです。この「移動している微小な体積」から観測した $p(x)$ と $p(x+dx)$ が等しい場合には、この微小な体積部分は加速も減速もせず等速運動を続けることになります。厚さdxの部分のx方向の速度をv_x、加速度を $a_x\left(=\dfrac{dv_x}{dt}\right)$ とすると、運動方程式は

加速度×質量=力
$$a_x \rho S dx = \{p(x) - p(x+dx)\}S \tag{2-13}$$

となります。この両辺を $\rho S dx$ で割ると

$$a_x = \frac{1}{\rho}\frac{p(x) - p(x+dx)}{dx}$$

となります。ここで次式の微分の定義

$$\frac{dp}{dx} \equiv \frac{p(x+dx) - p(x)}{dx}$$

を右辺に使うと、

$$a_x = \frac{dv_x}{dt} = -\frac{1}{\rho}\frac{dp}{dx} \quad (2\text{-}14)$$

となります。これが（重力を含まない）最も簡単なオイラーの方程式です。

　圧力以外に重力が働く場合も考えてみましょう。1次元の簡単な場合で考えるために、図2-5のように、鉛直方向に水が流れている場合を考えることにしましょう。前章の図1-5の場合とは、流れの有無だけが違っています。この場合は、運動の方向と重力の方向は平行です。この場合の運動方程式を立ててみましょう。重力加速度をgとすると、質量mの流体に働く重力はmgです。図2-5の厚さdzの

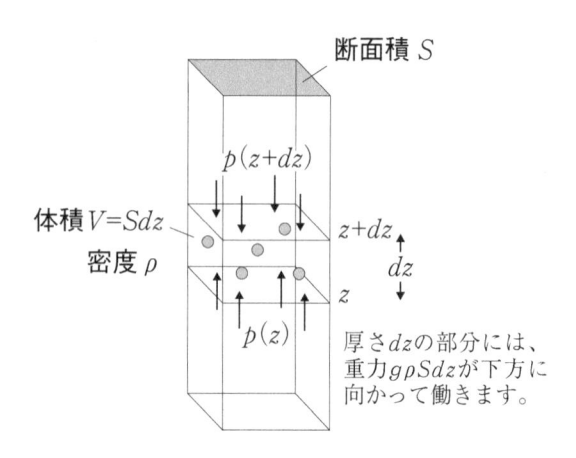

図2-5　鉛直方向の流れを考えよう

第2章　流体はどのような式で表されるか

部分の質量は $\rho S dz$ なので、働く重力は

$$-g\rho S dz$$

で表されます。マイナスがついているのは、重力の働く方向が $-z$ 方向だからです。したがって、図2-5での運動方程式は、(2-13)式の x を z で置き換えて、この重力の項を加えたものなので

$$a_z \rho S dz = \{p(z) - p(z+dz)\}S - g\rho S dz$$

となります。先ほどと同様にこの両辺を $\rho S dz$ で割ると

$$\begin{aligned} a_z &= -\frac{p(z+dz) - p(z)}{\rho dz} - g \\ &= -\frac{1}{\rho}\frac{dp}{dz} - g \end{aligned} \quad (2\text{-}15)$$

が得られます。これが重力が働く場合のオイラーの方程式です。

ここでは、重力について考えましたが、もっと一般化して「単位質量 m_0 当たり外力 F」が働く場合も考えてみましょう。単位質量はMKS単位系だと1kgです。この場合は、図2-5の厚さ dz の部分に働く外力は、

$$F \times \frac{\text{厚さ } dz \text{ の部分の質量}}{\text{単位質量}} = F \times \frac{\rho S dz}{m_0}$$

となります。(2-15)式と同様にして運動方程式を求めると

$$a_z = \frac{dv_z}{dt} = -\frac{1}{\rho}\frac{dp}{dz} + \frac{F}{m_0} \quad (2\text{-}16)$$

が得られます。外力は重力と違って、x方向やy方向の力もあるので、(2-16)式はx方向やy方向でも成り立ちます。たとえば、力Fがx方向に働くときには

$$a_x = \frac{dv_x}{dt} = -\frac{1}{\rho}\frac{dp}{dx} + \frac{F}{m_0} \quad (2\text{-}17)$$

が成り立ちます。

　流体力学ではこのF/m_0を「単位質量当たりの外力」と定義します。Fとの混同を避けるためにこれを$K(\equiv F/m_0)$と書くことにします。この「単位質量当たりの外力K」の次元（単位）は加速度になるので注意しましょう。記号をKとしたのはKasokudoの頭文字からとっています。この単位質量当たりの外力Kが働く場合は、(2-17)式は

$$a_x = \frac{dv_x}{dt} = -\frac{1}{\rho}\frac{dp}{dx} + K \quad (2\text{-}18)$$

となります。

　ここまでは1次元の簡略化した場合を考えましたが、これを3次元に拡張してx, y, zの3成分を含む式にまとめると、加速度と外力をそれぞれベクトル$\vec{a}$、$\vec{K}$と書いて

$$\vec{a} = \vec{K} - \frac{1}{\rho}\,\mathrm{grad}\ p \qquad (2\text{-}19)$$

となります。これが一般的な**オイラーの方程式**です。記号 grad は、**グラジエント**（gradient）と呼ばれるベクトルの演算で、日本語では**勾配**と呼びます。上式では、

$$\mathrm{grad}\ p = \left(\frac{\partial}{\partial x}\,p,\ \frac{\partial}{\partial y}\,p,\ \frac{\partial}{\partial z}\,p\right)$$

です。右辺のx, y, zの各成分は、圧力pの微分なので、これはx, y, z方向の圧力pの傾き（＝勾配）を表していることがわかります。

■渦の数学的表現

本章の最後に、渦の数学的な表現がどのようなものなのか見ておきましょう。渦について考える場合に重要な物理量があります。それは、これから述べる**循環**です。図2-6のように流体の中に閉曲線Cを描いて、閉曲線C上の線素dsでの接線方向の流速v_sをこの閉曲線Cに沿って1周分積分（周回積分）した量を循環と呼びます。この循環の値をギリシア文字のガンマを使って$\varGamma$で表すことにすると、数式は

$$\varGamma = \oint_C v_s\,ds \qquad (2\text{-}20)$$

です。$\int$に○が付いて周回積分を表しています。微小な長

閉曲線C

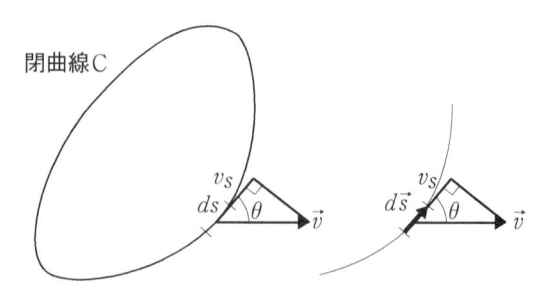

線素 ds を右図のようにベクトル $d\vec{s}$ で表し、$\vec{v}$ と $d\vec{s}$ のなす角を θ とすると

$$v_s ds = |\vec{v}|\cos\theta ds = |\vec{v}||d\vec{s}|\cos\theta = \vec{v}\cdot d\vec{s}$$

の関係があります。

図2-6　循環は閉曲線に沿っての周回積分

さの線素 ds をベクトルで表し $d\vec{s}$ と書き、ds を横切る流体の速度を $\vec{v}$ で表すと、図2-6のように(2-20)式の $v_s ds$ は $\vec{v}$ と $d\vec{s}$ の内積で表されます。式で書くと

$$v_s ds = |\vec{v}|\cos\theta\, ds = |\vec{v}||d\vec{s}|\cos\theta = \vec{v}\cdot d\vec{s}$$

です。$\vec{v}$ と $d\vec{s}$ をそれぞれの x, y 成分で表すと

$$\vec{v} = (v_x, v_y) \quad \text{と} \quad d\vec{s} = (dx, dy)$$

なので

第2章 流体はどのような式で表されるか

$$v_s\,ds = \vec{v} \cdot \vec{ds} = v_x\,dx + v_y\,dy \tag{2-21}$$

となります。よって、(2-20)式は、

$$\varGamma = \oint_C v_s\,ds = \oint_C \vec{v} \cdot \vec{ds} = \oint_C (v_x\,dx + v_y\,dy) \tag{2-22}$$

となります。

ここでは、図2-7のような1辺の長さ$\varDelta x$の小さな正方形($\varDelta x = \varDelta y$)を考えて、その周りの循環を考えることにしましょう。この図では図中の点線の矢印はv_xやv_yが正である向きを表しています。

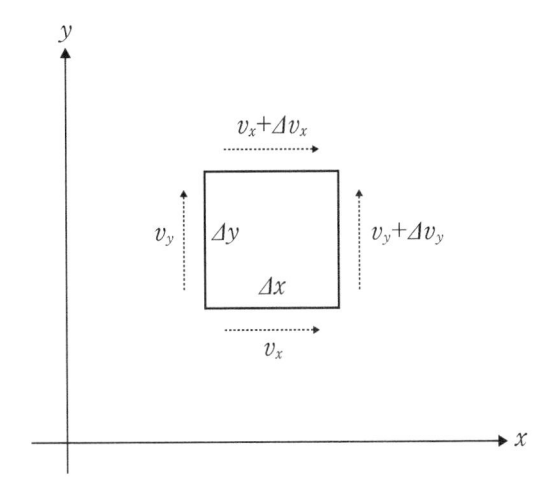

図2-7 小さな正方形での循環

この小さな正方形の循環$\Delta\Gamma$は、流速を正方形に沿って反時計回りに1周分の積分をしたもので

$$\begin{aligned}\Delta\Gamma &= v_x\Delta x + (v_y + \Delta v_y)\Delta y - (v_x + \Delta v_x)\Delta x - v_y\Delta y \\ &= -\{(v_x + \Delta v_x) - v_x\}\Delta x + \{(v_y + \Delta v_y) - v_y\}\Delta y \\ &= -\frac{(v_x + \Delta v_x) - v_x}{\Delta y}\Delta x\Delta y + \frac{(v_y + \Delta v_y) - v_y}{\Delta x}\Delta x\Delta y \\ &= -\frac{\partial v_x}{\partial y}\Delta x\Delta y + \frac{\partial v_y}{\partial x}\Delta x\Delta y \\ &= \left(\frac{\partial v_y}{\partial x} - \frac{\partial v_x}{\partial y}\right)\Delta x\Delta y \end{aligned} \quad (2\text{-}23)$$

となります。ここで、$\Delta x\Delta y$はこの小さな正方形の面積を表します。この循環$\Delta\Gamma$は、小さな正方形に沿って反時計回りに流速を積分した量なので、この正方形に沿って反時計回りに渦があるときは正の値をとり(図2-8の左図)、この正方形に沿って時計回りに渦があるときは負の値をとります(図2-8の中央図)。また、流れがまったくないときや、図2-8の右図のように一様な流れがあるときには、循環がゼロになることもわかります。この(2-23)式の値によって、渦の状態がわかるので、右辺のカッコの中の量

$$\frac{\partial v_y}{\partial x} - \frac{\partial v_x}{\partial y} \quad (2\text{-}24)$$

は、**渦度**(うずど)と呼ばれています。「渦度がゼロの場合は渦はない」ということを記憶しておきましょう。

また、ここでx軸とy軸に垂直なz軸の単位ベクトル(図2

第2章 流体はどのような式で表されるか

反時計回りの渦

周回積分の方向と渦の方向が同じなので

$\Delta \Gamma > 0$

時計回りの渦

周回積分の方向と渦の方向が反対なので

$\Delta \Gamma < 0$

一様な流れ

$v_x + \Delta v_x$

v_x

この一様な x 方向の流れでは、上辺と下辺の流速は同じなので、

$$v_x + \Delta v_x = v_x$$

であり、よって循環は

$$\Delta \Gamma = v_x \Delta x - (v_x + \Delta v_x)\Delta x = 0$$

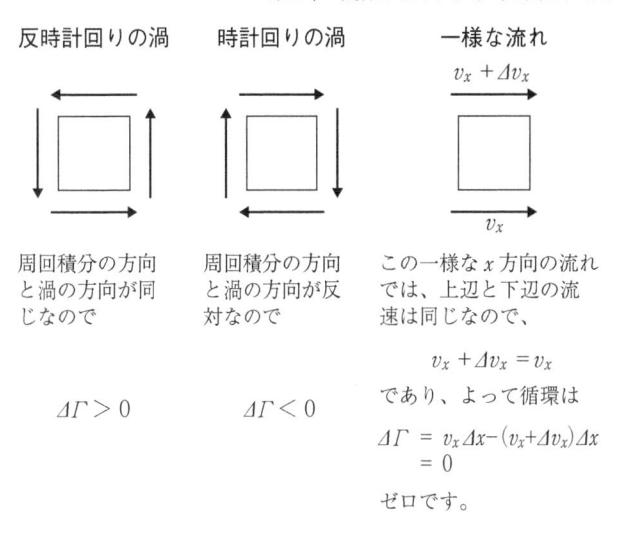

ゼロです。

図2-8　循環の値と渦の関係

-7では紙面に垂直）を $\vec{e}_z$ とすると、渦度に単位ベクトル $\vec{e}_z$ をかけた

$$\left(\frac{\partial v_y}{\partial x} - \frac{\partial v_x}{\partial y} \right) \vec{e}_z$$

を**渦度ベクトル**と呼びます。このベクトルは数学ではrotation（ローテーション＝回転）と呼ばれ、記号は rot で表します。この記号を使うと、ベクトル $\vec{v} = (v_x, v_y)$ に対して渦度ベクトルは

$$\mathrm{rot}\ \vec{v} = \left(\frac{\partial v_y}{\partial x} - \frac{\partial v_x}{\partial y} \right) \vec{e}_z \qquad (2\text{-}25)$$

と表されます。

■ストークスの定理

(2-23)式を微分記号で表すと

$$d\varGamma = \left(\frac{\partial v_y}{\partial x} - \frac{\partial v_x}{\partial y} \right) dxdy$$

となるので、これを積分した量

$$\int d\varGamma = \iint \left(\frac{\partial v_y}{\partial x} - \frac{\partial v_x}{\partial y} \right) dxdy \qquad (2\text{-}26)$$

について考えてみましょう。この式の意味を考えるために、図2-9の1辺の長さが$3\varDelta x$と$3\varDelta y$である正方形($\varDelta x = \varDelta y$)での循環を例にとってみましょう。この場合、(2-26)式の右辺は小さな9個の正方形の「渦度×面積（$dxdy$）」の和になります。また、この小さな正方形の「渦度×面積（$dxdy$）」は、(2-23)式からわかるように小さな正方形での循環（＝流速の周回積分）です。したがって、(2-26)式の右辺の（面積）積分の意味は、

　　　1辺の長さ$\varDelta x$の小さな正方形の循環9個の和

となります。隣接する小さな正方形では図2-9のように隣

第2章 流体はどのような式で表されるか

外周を閉曲線Cにとります。

隣接する経路の積分は、和をとると相殺されてゼロになります。

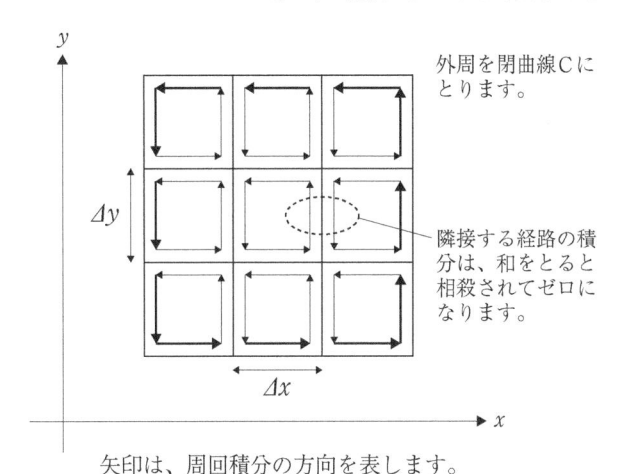

矢印は、周回積分の方向を表します。

図2-9　1辺の長さが3Δxと3Δyである正方形の循環

りあう経路の積分が打ち消しあうので（流速は同じですが積分経路の方向は逆なので）、右辺の9個分の周回積分を足し合わせると、隣接する経路分がすべて消えて、「1辺の長さ3Δxの大きな正方形」の外周分の寄与だけが残ることになります。これは、「1辺の長さ3Δxの大きな正方形」の循環に対応します。よって、外周を閉曲線Cにとると

$$\iint \left(\frac{\partial v_y}{\partial x} - \frac{\partial v_x}{\partial y} \right) dxdy = \oint_C v_s \, ds \tag{2-27}$$

が成り立ちます。この(2-27)式の積分の関係を**ストークスの定理**と呼びます。ここでは、1辺の長さが3Δxの正方形を例にとりましたが、どのような形の閉曲線であっても、

微小な正方形の集まりとみなせるので、(2-27)式はどのような形の閉曲線の循環でも成り立ちます。

　渦がない流体では、流体内のどこの微小な場所でも、(2-24)式の渦度はゼロです。だとすると、(2-27)式の左辺の積分の中に現れる渦度もどこでもゼロになります。したがって、(2-27)式の左辺の積分は、ゼロを足し合わせるのでゼロです。(2-27)式の右辺は、循環を表しているので、これは、

渦がない流体では、循環はゼロになる

ことを意味しています。

　粘性のない流体を**完全流体**または**理想流体**と呼びます。完全流体は粘性を含まないので、数学的な取り扱いは相対的に簡単です。本書では、第8章まで非圧縮性の完全流体を取り扱います。実は、完全流体では、「渦度が保存される」ことを証明できます（本書では証明は割愛しますが、ヘルムホルツの渦定理によります）。「保存される」という意味は、初めに渦度がゼロの完全流体があったとすると、渦度はずっとゼロのままであるということです。また、初めに渦度がゼロでない完全流体があったとすると、渦度はずっとゼロにならないということです。言葉を変えて表現すると、完全流体では、最初に渦がない場合は、ずっと渦はないままであり、逆に最初に渦があると、ずっと渦は存在し続けるということになります。

■ストークス

「ストークスの定理」のストークスは、1819年にアイルランドに生まれました。16歳まではダブリンで教育を受け、その後イギリスにわたりケンブリッジ大学で学び、卒業後は、数学、流体力学、光学などの分野で活躍しました。

ケンブリッジ大学では、数学者ロバート・スミスの遺産をもとに、数学と物理学に秀でた学生1～2名に1769年からスミス賞が贈られました。ストークスは1841年の単一の受賞者で、1845年にはトムソン（1824～1907、後のケルビン卿）が受賞しています。受賞者の選考のためにテストが行われましたが、ストークスの定理は、1854年のテストに

ストークス

問題として初めて登場しました。このときストークスが出題者であったことから、ストークスの定理と呼ばれるようになりました。この1854年の受賞者が、電磁気学の「マクスウェルの方程式」で有名なマクスウェル（1831～1879）です。

マクスウェルが1873年に書いた電磁気学の論文にストークスの定理が記述されていますが、引用元としてスミス賞が参照されています。ただし、ストークスの定理を導いたのは、ストークスその人ではなく、共同研究者のトムソンでした。トムソンがストークスに書いた1850年7月2日付の手紙にストークスの定理が記述されています。

ストークスは、1845年に本書の第9章で登場するナビエ・ストークス方程式を導いています。1849年から亡くなるまで、かつてニュートンが務めたことで有名なケンブリッジ大学のルーカス教授職を務めました。1851年には王立協会のフェローになり、1885年から1890年まで会長を務めました。19世紀半ばから終わりにかけて、トムソンと同じくイギリスを代表する物理学者・数学者の一人でした。亡くなったのは、1903年です。

さて、本章では、連続の式とオイラーの方程式という2つの重要な式を導き、さらに循環と渦度も理解しました。次章では、3つ目の重要な数式として、ベルヌーイの定理を表す式を導きましょう。

第 **3** 章

ベルヌーイの定理の数式を導く

■オイラーの方程式からベルヌーイの定理を導く

前章で求めたオイラーの方程式からベルヌーイの定理を表す式を導きましょう。重力を含むオイラーの方程式である(2-15)式の左辺の $a_z\left(=\dfrac{dv_z}{dt}\right)$ に(2-4)式（ただし、添え字のxをzに替えます）を代入します。すると、

$$\frac{\partial v_z}{\partial t} + \frac{1}{2}\frac{\partial}{\partial z}(v_z^2) = -g - \frac{1}{\rho}\frac{dp}{dz} \qquad (3\text{-}1)$$

となります。重力加速度gは定数なので

$$g = \frac{d}{dz}(gz)$$

の関係があります。よって、(3-1)式は、

$$\begin{aligned}\frac{\partial v_z}{\partial t} &= -\frac{1}{2}\frac{\partial}{\partial z}(v_z^2) - \frac{d}{dz}(gz) - \frac{1}{\rho}\frac{dp}{dz} \\ &= -\frac{\partial}{\partial z}\left(\frac{1}{2}v_z^2 + gz + \frac{p}{\rho}\right)\end{aligned}$$

と書き換えられます。

ここで速度v_zが時間的に変動しない定常的な流れを考えることにすると、左辺の$\dfrac{\partial v_z}{\partial t}$はゼロになります。よって、

$$0 = \frac{\partial}{\partial z}\left(\frac{1}{2}v_z^2 + gz + \frac{p}{\rho}\right)$$

第3章　ベルヌーイの定理の数式を導く

となります。両辺をzで積分すると

$$定数 = \frac{1}{2}v_z^2 + gz + \frac{p}{\rho} \quad (3\text{-}2)$$

となります。この式が表すのが**ベルヌーイの定理**です。

　さて、(3-2)式のベルヌーイの定理の意味を考えるために、両辺に質量mをかけてみましょう。このmは図2-5の厚さdz部分の質量です。すると、左辺は「質量m（定数）×定数」なのでやはり定数です。よって、

$$定数 = \frac{1}{2}mv_z^2 + mgz + \frac{mp}{\rho}$$

となります。この式の第1項は、高校の物理（力学）で学ぶ運動エネルギーです。また、第2項も、高校の物理で学ぶ位置エネルギーで、ポテンシャルエネルギーとも呼びます。第3項は第1章で見たように、圧力のエネルギーを表しています。つまり、(3-2)式は、第1章で見た重力によるポテンシャルエネルギーと圧力のエネルギーの保存則に、さらに運動エネルギーを加えたエネルギー保存則を表していることがわかります。

　ベルヌーイの定理の表式を圧力の次元（単位）で表す場合には、(3-2)式の両辺に密度ρをかけて

$$定数 = \frac{1}{2}\rho v^2 + \rho gz + p \quad (3\text{-}3)$$

と表します。ここでv_zをたんにvと書き換えたのは、流線

上であれば上式の関係は流れの方向がx方向やy方向の場合でも成り立つからです。

一方、ベルヌーイの定理を「高さ」を基準にして表す場合もあります。その場合は(3-2)式をgで割って、ベルヌーイの定理を

$$定数 = \frac{1}{2g}v^2 + z + \frac{p}{\rho g}$$

と表します。この右辺の第2項は、高さを表しているので、第1項と第3項もそれぞれ単位は高さになっています。つまり、位置エネルギーの高さで、それぞれのエネルギーの大きさを表現しています。この高さを**ヘッド**と呼びます。

■ベルヌーイの定理の適用例1──ベンチュリ管

図1-1の場合に、(3-3)式のベルヌーイの定理を適用してみましょう。図の左側(Left)での速度と圧力には添え字としてLを付け、右側(Right)の速度と圧力にはRを付けることにします。図1-1の流路は水平なので、左側と右側で重力の項は同じで消去できます。よって、ベルヌーイの定理は

$$\frac{1}{2}\rho v_L^2 + p_L = \frac{1}{2}\rho v_R^2 + p_R$$

となります。図1-1では、進行方向の途中で断面積が半分になるとしましたが、ここではもっと一般的な流路を考え

第3章 ベルヌーイの定理の数式を導く

て、左側の断面積をS_Lとし、右側の断面積をS_Rとします。非圧縮性流体を想定すると、左側と右側で単位時間当たりに流れる流量は同じなので、

$$S_L v_L = S_R v_R$$
$$\therefore v_R = \frac{S_L}{S_R} v_L$$

の関係が成り立ちます。よって、

$$\begin{aligned}
\frac{1}{2}\rho v_L^2 + p_L &= \frac{1}{2}\rho \left(\frac{S_L}{S_R} v_L\right)^2 + p_R \\
&= \frac{1}{2}\rho \left(\frac{S_L}{S_R}\right)^2 v_L^2 + p_R \\
\therefore p_R &= p_L + \frac{1}{2}\rho \left\{1 - \left(\frac{S_L}{S_R}\right)^2\right\} v_L^2
\end{aligned} \quad (3\text{-}4)$$

となります。$S_L > S_R$ の場合は、右辺の第2項の｛ ｝の中の値は負になるので、右側の静圧p_Rが左側p_Lより下がることがわかります。つまりこの式は、右側の流速が左側より上がったので静圧が下がることを表しています。静圧は、図1-4で見たように全圧の垂直方向の圧力に等しいので、たとえば図1-1では、y方向の圧力が下がることを意味します。この関係がベルヌーイの定理に固有の様々な興味深い現象を引き起こします。なお、(3-4)式では、特に圧力が速度の2乗に比例して低下することに注意しましょう。

(3-4)式をさらに変形すると流量を求める式が得られます。(3-4)式から流速v_Lを求めると

$$v_L = \frac{\sqrt{2(p_L - p_R)/\rho}}{\sqrt{\left(\frac{S_L}{S_R}\right)^2 - 1}}$$

となります。流量Qは$S_L v_L$なので

$$Q = S_L v_L = \frac{S_L}{\sqrt{\left(\frac{S_L}{S_R}\right)^2 - 1}} \sqrt{2(p_L - p_R)/\rho}$$

となります。この式は、断面積S_LとS_Rがわかっている図1-1や図3-1のような流路で、圧力p_Lとp_Rを測れば流速と流量を求められることを表しています。このような流路をベンチュリ管と呼び、様々な流体に対して使われています。

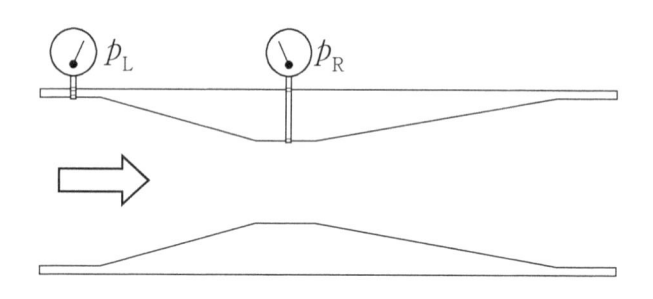

図3-1　ベンチュリ管

第3章 ベルヌーイの定理の数式を導く

■ベルヌーイの定理の適用例2 ── トリチェリの定理

ベルヌーイの定理の適用例をもう1つ見てみましょう。それは、図3-2のような水タンクの下部に開けた穴から出る水流の速さvの計算です。ここでは、この下部の穴は容器の大きさに比べてかなり小さく、穴から出る水流の影響によって水面はほんの少ししか下がらないと仮定しましょう。どうしてそのような仮定をするかというと、ベルヌーイの定理を求める際には、前々節で見たように$\frac{\partial v_z}{\partial t}=0$という条件を用いているからです。水面が高いほど、流速vは速くなり、水面が低いほど流速vは遅くなるだろうと推

水タンク

水面 A —— $gh+\frac{p}{\rho}=$ 定数

h

B

C $\frac{1}{2}v^2+\frac{p}{\rho}=$ 定数

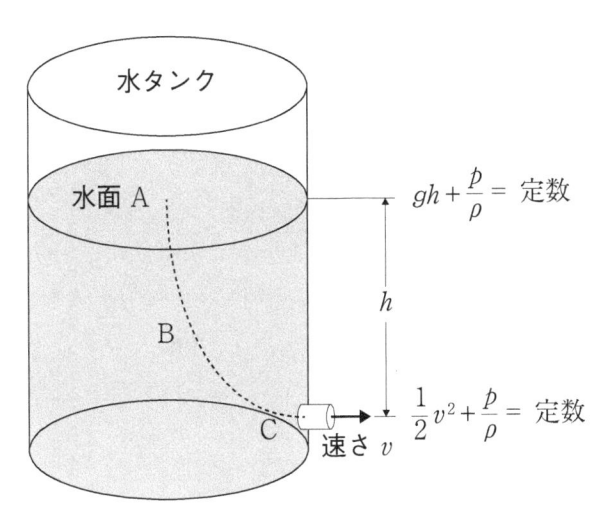

速さ v

図3-2 トリチェリの定理

測できます。もし水面がどんどん下がっていくのであれば、穴での流速が時間変化するので、この条件はもはや成り立たなくなります。

　ベルヌーイの定理は、エネルギー保存則なので、流れに沿って全エネルギーが変化しない場所どうしで成り立ちます。図3-2では水面近くの場所Aから水中のB、そして穴の近くのCへと点線に沿って、水が流れていくと考えましょう。この流れの経路ではエネルギーの損失はないので、ベルヌーイの定理が成り立ちます。

　水面のごく近くの場所Aでは、水流の速さはゼロなので、(3-2)式は、

$$gh + \frac{p}{\rho} = 定数$$

となります。ここで、高さhは穴の位置をゼロにとっています。一方、下部の穴に近い場所Cでの(3-2)式は

$$\frac{1}{2}v^2 + \frac{p}{\rho} = 定数$$

となります。簡単のために場所AとCでの圧力が同じであると仮定すると、この両式から

$$gh = \frac{1}{2}v^2$$
$$\therefore v = \sqrt{2gh}$$

となります。この式の関係は**トリチェリの定理**と呼ばれて

います。穴での流速は、水面と穴との高低差hのルートに比例することがわかります。

■ベルヌーイの定理の適用例3 ──ピトー管

ベルヌーイの定理がベンチュリ管と同様に計測に使われて大活躍している例を見ておきましょう。それは、静圧と動圧を同時に測る装置で、ピトー管と呼びます。ピトー管は、たとえば飛行機で対気速度を求めるのに使われます。ピトー管の構造は図3-3のようになっていて、進行方向の全圧p_Tと、それに垂直な方向の静圧p_Sを測ります。

ピトー管の前方のA点と側面のB点でベルヌーイの定理を使ってみましょう。ピトー管は管内を流体が流れる構造にはなっておらず行き止まりになっています。したがって、流体の速度はA点でゼロになります。このA点のよう

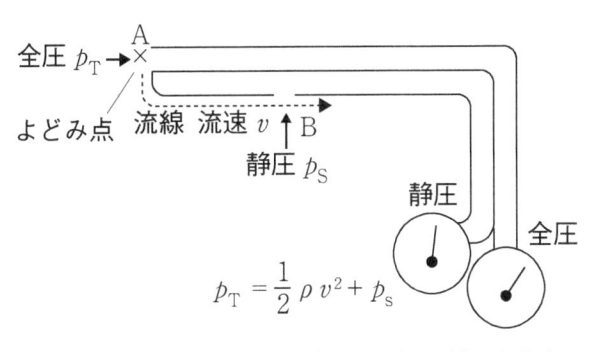

全圧 p_T A
よどみ点 流線 流速 v B
静圧 p_S
静圧
全圧

$$p_T = \frac{1}{2} \rho v^2 + p_S$$

ピトー管では、全圧と静圧の差から流速が測定できます。

図3-3 ピトー管の構造

に速度がゼロになる点を**よどみ点**と呼びます。ベルヌーイの定理をA→Bの流線上で適用しましょう。ただし、AとBの地表からの高さは同一とします。すると(3-3)式から

$$p_A = \frac{1}{2}\rho v^2 + p_B \tag{3-5}$$

となります。ここでp_Aは点Aでの圧力で、p_Bは点Bでの圧力です。また、vは点Bでの流速です。この式の右辺の第1項の$\frac{1}{2}\rho v^2$は動圧であり、第2項のp_Bは静圧です。また、左辺のp_Aは全圧を表しています。よって、図3-3の流れの全圧をp_T、静圧をp_Sとすると、$p_A = p_T$で$p_B = p_S$なので、(3-5)式を変形すると

$$v = \sqrt{\frac{2(p_A - p_B)}{\rho}} = \sqrt{\frac{2(p_T - p_S)}{\rho}}$$

となります。よって、圧力p_Aとp_Bを測定すれば流体の速さが求まります。

　飛行機では万一ピトー管が故障すると対気速度がわからなくなるので、通常は安全性を高めるために複数のピトー管を装備しています。ピトー管はまた、飛行機のような誰にでも注目されそうな場所の他に、ほとんど誰にも見られない場所でも縁の下の力持ちとして活躍しています。たとえば、様々な工場では様々な気体や液体が配管の中を流れていますが、これらの流速を測るためにピトー管が使われ

ています。

■ピトー

　ピトー管の発明者は、フランスの水理学者・土木技師のアンリ・ピトー（1695〜1771）です。ベルヌーイとはわずか5歳の差で、ベルヌーイやオイラーと同時代の科学者です。

　ピトーは1723年にパリで科学者レオミュール（1683〜1757）の助手になり、翌年にフランスの科学アカデミーのメンバーになりました。ピトー管の発明は1732年のことで、セーヌ川の流量を測る仕事に従事していたときでした。ピトー管の原型になったのはパイプを90度に折り曲げて、図3-4のように流水につける流速計でした。流れが速いほど、パイプの中の水面が高くまで上がるので、その水

ピトー

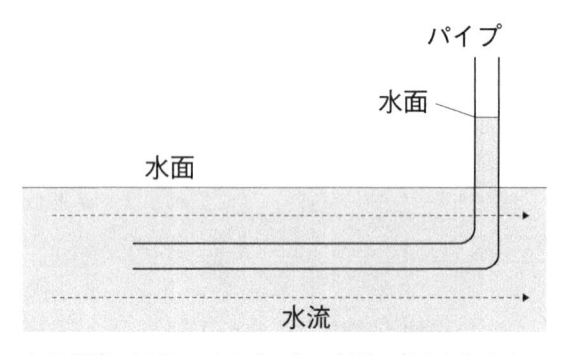

水流が速いほど、パイプの中の水面は高くなります。

図3-4 ピトー管の原型

面の高さから、おおよその流速がわかったのです。

　ピトーは橋や堤防の設計にも関わりました。フランス南部のガール県ニーム市の近郊には高さ約50メートルで長さ約270メートルの壮大な古代ローマの水道橋「ポン・デュ・ガール」（ポンはフランス語で橋を意味するので「ガールの橋」の意）があります。建設されたのは紀元50年ごろで皇帝ネロの治世のころと考えられています。しかし、時代が下った中世にはローマ時代の高度な技術が忘れ去られて、この付近に住む人々は、ポン・デュ・ガールを悪魔が作った橋と考えていました。ピトーはこの橋の補修にも取り組みました。ポン・デュ・ガールは3層からなる高架橋です。最下層の橋に密接して、ほとんどコピーであるかのような橋が併設されていて、観光客はこの橋を渡ります。観光客は自分たちが渡っているこの併設橋もポン・デュ・ガールの一部だと誤解しがちなのですが、この併設橋

ポン・デュ・ガール

は、ピトーの設計によるもので18世紀の建造物です。ピトーはまた、ポン・デュ・ガールから着想を得てモンペリエ市（ニーム市の南西50キロメートル）のサンクレマン水道橋も設計しました（1754年完成）。

　さて、本章では、ベルヌーイの定理を表す数式を導きました。これで、連続の式、オイラーの方程式、ベルヌーイの定理の表式という流体力学の根幹をなす重要な3つの式を理解したことになります。次章からは、いよいよ2次元流体の理論に取り組みましょう。

第 **4** 章

流れ関数と速度ポテンシャル
——2次元流体の理論

■2次元流体の理論

　流体は私たちの住むこの3次元空間に存在しているので、3次元の空間座標を使って描写されます。しかし、数学的には3次元の流体を扱うのは簡単ではありません。そこで、流体力学の歴史では2次元の流体を扱う理論がまず発達しました。たとえば、飛行機の翼に働く揚力を計算する際には、図1-6のような翼の断面図をもとにして、そのまわりの2次元の流体によって発生する揚力を計算します。このような理論を**2次元翼理論**と呼びます。2次元翼理論は流体力学の基本的な理論の1つなのですが、数学的には難度が高くなります。このため、流体力学を学ぶ学生たちにとって、消化不良になりがちな理論のようです。しかし、本書の読者にとっては、逆に攻略しがいのある理論であると言えるでしょう。本章から第8章まで読破して揚力の計算にまで到達できれば、読者の皆さんの流体力学に関する思考力も「飛ぶ力」を獲得することになります。

■流れ関数と速度ポテンシャル

　2次元流体の理論では、**速度ポテンシャル**と**流れ関数**という2つの関数が活躍します。この2つの関数がどのようなものなのか見てみましょう。まず、速度ポテンシャルはフランスのラグランジュ（1736〜1813）が導入したもので「渦がない場合」だけに定義されます。したがって、本章で扱うのは、「2次元の渦のない完全流体」です。流体を扱う際には、このように様々な制限が付きますが、これは、対象を簡単化して数学的な取り扱いを楽にするためで

第4章 流れ関数と速度ポテンシャル

す。逆に言うと、流体を厳密に扱うのは数学的にはそれだけ手強いということを意味します。

この速度ポテンシャルは、座標xまたはyで偏微分すると、それぞれx成分またはy成分の速度が求められるという関数です。速度ポテンシャルをギリシア文字のファイの小文字を用いてϕと書くことにすると、この関係は

$$\frac{\partial \phi}{\partial x} = v_x, \qquad \frac{\partial \phi}{\partial y} = v_y \qquad (4\text{-}1)$$

と表されます。「ポテンシャル」という名がついているのは、力学で現れるポテンシャルエネルギー(位置エネルギー)に似ているからです。ポテンシャルエネルギーUをxまたはyで偏微分すると、x成分またはy成分の力F_xまたはF_yが求められます。数式で書くと

$$\frac{\partial U}{\partial x} = -F_x, \qquad \frac{\partial U}{\partial y} = -F_y$$

です(付録参照:ポテンシャルエネルギーと力)。(4-1)式はこれとよく似ています。ただし、ポテンシャルエネルギーUを微分すると力が得られますが、速度ポテンシャルϕの微分では、得られるのが「力」ではなく「速度」なので速度ポテンシャルと呼びます。

次に、流れ関数も偏微分すると速度が求められるという性質を持っていて、これは速度ポテンシャルに似ています。ただし、x成分やy成分との関係が異なっています。また、流れ関数は渦の有無にかかわらず存在します。流れ関

数をギリシア文字のプサイを用いてψと書くことにすると、流れ関数を座標xまたはyで偏微分した場合の関係は、

$$\frac{\partial \psi}{\partial x} = -v_y, \quad \frac{\partial \psi}{\partial y} = v_x \tag{4-2}$$

です。xで偏微分するとy成分の速度がマイナス符号つきで得られ、yで偏微分するとx成分の速度が得られます。速度ポテンシャルよりすなおさに欠けた関係です。

　2次元翼理論ではこの2つの関数を使って

$$w = \phi + i\psi \tag{4-3}$$

という関数を考えます。iは虚数単位です。この関数を**複素速度ポテンシャル**と呼びます。2つの関数を一度に扱うので本書では記号にw（ダブル）を使います。あとで見るように2次元翼理論ではこの関数が活躍します。複素数がどのようなものであるかは、本章の最後で説明するので忘れてしまっている方はここでの御心配は無用です。

■**速度ポテンシャルを詳しく見る**

　速度ポテンシャルがどのようなものなのか、もっと詳しく見てみましょう。速度ポテンシャルの定義は、流れの中の"ある線"に沿って「その線の接線方向の速度v_s」を積分するというものです。図4-1では、まず点Oを出発して点Pを経て点Aに至る積分を考えることにしましょう。この線上の微小な長さをdsと書くと、この積分は

第4章 流れ関数と速度ポテンシャル

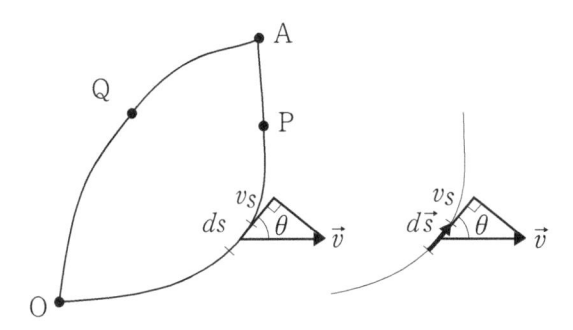

線素dsを右図のようにベクトル$d\vec{s}$で表し、$\vec{v}$と$d\vec{s}$のなす角をθとすると

$$v_s = |\vec{v}|\cos\theta$$

の関係があります。

図4-1　速度ポテンシャルと積分経路

$$\phi\left(=\int_O^A d\phi\right) = \int_O^A v_s\,ds \tag{4-4}$$

と表されます。速さの単位はMKS単位系ではm/s（メートル/秒）であり、長さの単位はmなので、この積分の次元（単位）は、両者の掛け算でm^2/sです。積分の中身は第2章で見た循環と同じです。つまり、すでに見た循環は、速度ポテンシャルを閉曲線に沿って周回積分したものです。

まず、(4-1)式を導いてみましょう。(2-21)式を(4-4)式に代入し、積分の中身を比べると、

$$d\phi = v_x dx + v_y dy$$

が得られます。一方、ϕ の全微分は

$$d\phi = \frac{\partial \phi}{\partial x} dx + \frac{\partial \phi}{\partial y} dy$$

と書けます。両式を比べると

$$\frac{\partial \phi}{\partial x} = v_x, \quad \frac{\partial \phi}{\partial y} = v_y$$

が得られ、(4-1)式が成り立つことがわかります。

次に、渦度との関係を見てみましょう。渦度は第2章で見たように(2-24)式で表されますが、

$$\frac{\partial v_y}{\partial x} - \frac{\partial v_x}{\partial y} \tag{2-24}$$

これに(4-1)式を代入すると、

$$\begin{aligned} &= \frac{\partial}{\partial x} \frac{\partial \phi}{\partial y} - \frac{\partial}{\partial y} \frac{\partial \phi}{\partial x} \\ &= \frac{\partial^2 \phi}{\partial x \partial y} - \frac{\partial^2 \phi}{\partial x \partial y} \\ &= 0 \end{aligned}$$

となり、ゼロになることがわかります。したがって、速度ポテンシャルが存在する場合（つまり(4-1)式の関係が成

第4章　流れ関数と速度ポテンシャル

立する場合）には、渦は存在しないことがわかります（なお、逆に渦が存在すると、(4-1)式を満たす速度ポテンシャルが存在しなくなります）。

　この速度ポテンシャルは点Oから点Aへのどの経路を経ても同じであることを証明できます。たとえば、図4-1の点Oから点Pを経て点Aにいたる経路でも、あるいは点Oから点Qを経て点Aにいたる経路でも(4-4)式の積分の値は変わりません。これは、点Oを原点にとると、点Aの位置だけで(4-4)式の値が決まることを意味します。

　(4-4)式の値が経路によらないことは、「流れの中に渦がない」という条件を使います。第2章の最後で見たように、渦がない場合には、循環はゼロになります。したがって、図4-1のO→P→A→Q→Oという周回積分（＝循環）は次式のようにゼロになります。

$$\oint v_s \, ds = 0$$

この積分を O→P→A と A→Q→O の経路に分けると、

$$0 = \oint v_s \, ds = \int_{O \to P}^{A} v_s \, ds + \int_{A \to Q}^{O} v_s \, ds \tag{4-5}$$

となります。積分の経路を逆にすると符号にマイナスがつくという積分の公式を使うと第2項は

$$\int_{A \to Q}^{O} v_s \, ds = - \int_{O \to Q}^{A} v_s \, ds$$

なので、(4-5)式は

$$0 = \int_{O \to P}^{A} v_s\, ds - \int_{O \to Q}^{A} v_s\, ds$$
$$\therefore \int_{O \to P}^{A} v_s\, ds = \int_{O \to Q}^{A} v_s\, ds$$

となります。すなわち、この式から O→P→A と O→Q→A のどちらの経路でも速度ポテンシャルが同じ値になることが証明できました。

■渦ではない循環がある?!

　渦がなければ循環はゼロになることをすでに見ました。また、速度ポテンシャルが存在する場合には渦がないことも見ました。しかし、流体力学を学んでいくと、ここで混乱しがちな"ある場合"に遭遇します。というのは、

　　速度ポテンシャルが存在するので渦はないが、
　　循環がゼロではない場合

が存在するのです。こう書くと、いやいや筆者は第2章の最後で、「渦がない場合に循環がゼロになること」を示したではないか！　とお叱りを受けそうです。実は、第2章での循環の話と条件が1つ異なると、こういう場合が存在するのです。しかも、流体力学では、この場合が例外的扱いではなくて、中心的な扱いになるのです。ぽーっと流体力学の教科書を流し読みしていると、このあたりでつまず

第4章 流れ関数と速度ポテンシャル

きがちになります。

その例外的ではない、中心的な場合とは、

循環の内側に物体がある場合

です。たとえば図4-2の右図のように物体のまわりに反時計回りの流れがある場合は、「渦はないが、循環の値はゼロではない場合」です。

読者の皆さんは、図4-2の右図で、流れが物体の周りを1周していて循環の値がゼロでないのであれば、これは渦そのものではないかという疑問を感じることでしょう。

ここがまぎらわしいところなのですが、この「物体のまわりの循環がゼロでない場合」は、流体力学では渦とは呼ばないのです。流体力学の「渦」とは、ぐるぐると回転し循環する流体があるだけではなくて、図4-2の左図のよう

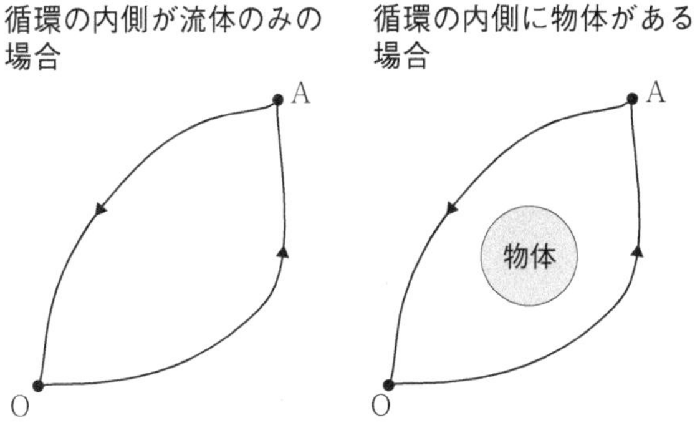

図 4-2　渦はないが、循環がゼロでない場合とは?

にその回転の中心に至るまですべてが流体で満たされているものです。言葉を変えて言うと、回転の中心が同じ流体で構成されているものが「渦」です。流体の回転の中心が流体ではなく、中心のあるべきところに物体があるものは流体力学では渦ではないのです（より専門的には、図4-2の左図を単連結の循環、右図を2重連結の循環と呼びます）。流体力学では、この中心にある物体が、実は翼であったり、車体であったりするので、この

速度ポテンシャルが存在し、かつ渦はないが、循環がゼロではない場合

が、流体力学で取り扱う中心的なケースの一つになるのです。

　流体力学での「渦がない」という表現が、日常での渦と混同しがちな場合には、「流体力学での渦がない」は「渦度がゼロである」と同じ意味であることを思い出しましょう。

■物体のまわりの循環の値は閉曲線の大小で変わらない

　渦がない流体中の物体のまわりの循環では、閉曲線の大小にかかわらず循環の値が同じであるという面白い関係があります。

　図4-3には、A→B→C→A の経路をたどる閉曲線と D→E→F→D の経路をたどる2つの閉曲線が描かれています。それぞれの循環の値を Γ_{ABCA} と Γ_{DEFD} と書くことにし

第4章　流れ関数と速度ポテンシャル

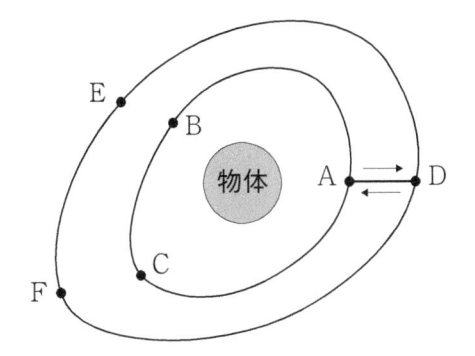

図4-3　物体のまわりの循環は閉曲線の大小によらない

ます。

このとき点Aからスタートして A→D→E→F→D→A→C→B→A とたどる長い経路の閉曲線について考えることにしましょう。ここで、A→D の経路と D→A の経路は図では1本の線で表していますが、実際は、無限小だけ上下に離れた2本の線に分かれているとします。この長い経路の閉曲線の内側に物体はないので、渦がない流体中での循環の値はゼロになります。したがって、この長い経路の閉曲線の循環の値をΓ_{Long}と書くことにすると

$$0 = \Gamma_{Long} = -\Gamma_{ABCA} + \Gamma_{DEFD} + \int_A^D v_s\, ds + \int_D^A v_s\, ds \qquad (4\text{-}6)$$

の関係が成り立ちます。Γ_{ABCA}の前にマイナスがついているのは、積分の方向が時計回りか反時計回りかの違いによります。また、A→D の経路と D→A の経路は、無限小に近接していて積分の向きは逆なので

$$\int_A^D v_s\,ds = -\int_D^A v_s\,ds$$

の関係が成り立つと考えてよいでしょう。よって、(4-6)式は

$$\varGamma_{ABCA} = \varGamma_{DEFD}$$

となり、循環の値は、閉曲線の大小によらないことがわかります。

■流れ関数

　流れ関数の定義は速度ポテンシャルとよく似ているのですが少しだけ違いがあります。図4-4のように、点Oから点Aまで線でつないだとして、流れ関数は、その線に垂直な流れの速さv_nを線素dsに沿って積分します。数式では、

$$\psi = \int_O^A v_n\,ds \qquad (4\text{-}7)$$

となります。つまり、速度ポテンシャルと流れ関数は積分の中の「流れの速度」の方向が90度異なることになります。

　この積分がどのような量を表すかを考えてみましょう。図4-4と図4-5のように長さdsの線素の垂直方向と流れのなす角度をγとします（図4-5は線素の拡大図です）。流速ベ

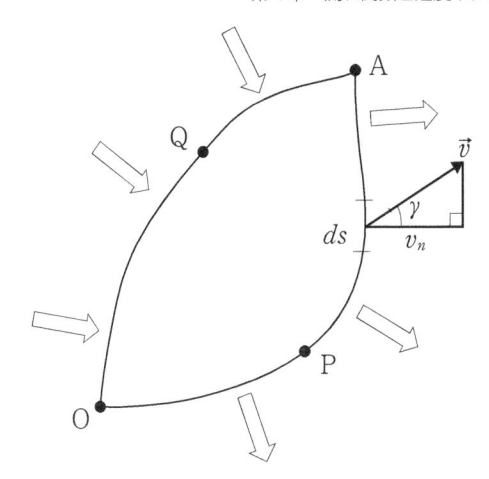

第4章 流れ関数と速度ポテンシャル

閉曲線の内側の面積は一定なので、非圧縮性流体では、線分OQAを横切って閉曲線の内側に流れ込む流量と、線分OPAを横切って、閉曲線の外側に流れ出す流量は同じです。

図4-4 流れ関数と積分経路

クトルを$\vec{v}$とすると単位時間に線素を横切った流量は図4-5の左図の平行四辺形の面積に対応します。この平行四辺形の面積は右図の長方形の面積に等しいので、流量は

$$|\vec{v}|\cos\gamma ds$$

となります。ここでこの線素に垂直方向の速さは、$v_n = |\vec{v}|\cos\gamma$ です。よって流量は

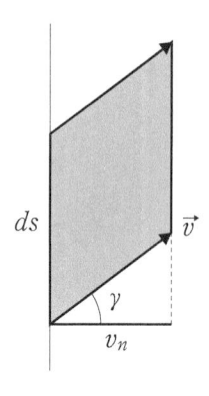

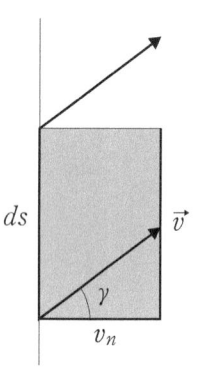

線素dsを左図のように速度ベクトル$\vec{v}$の流れが横切っているとします。このときの（単位時間当たりの）流量は左図の平行四辺形の面積に対応します。この平行四辺形の面積は、右図の長方形の面積と同じで、以下のように表せます。

$$|\vec{v}|\cos\gamma ds = v_n ds$$

図4-5　線素を横切る流量

$$= v_n ds$$

となり、これは流れ関数の積分の中身と同じです。したがって、これを点Oから点Aまで積分した流れ関数は

　　線分OAを横切る（単位時間当たりの）流量

を表していることになります。

　非圧縮性流体の場合には、始点と終点が決まれば、流れ

関数が積分の経路によらないことを示せます。それには、図4-4のようにOA間を結ぶ2つの経路OQAとOPAを考えることにします。このどちらの経路の積分もそれぞれの線分を横切る流量を表しています。このときOQAの線を横切って図の左側から流体が閉曲線の中に流れ込んでいるとすると、非圧縮性流体なので閉曲線内の体積は一定なので、同じ流量の流体がOPAの線分を越えて図の右側に流れ出していなくてはなりません。すなわち、OQAとOPAを横切る流量は同じであるということになります。この両者の流量が同じであるということは、それぞれの流れ関数の値が同じであるということを意味します。したがって、非圧縮性流体では、点Oを原点にとると、流れ関数は経路によらず点Aの位置だけで決まる関数になります。

次に、流れ関数の重要な関係である(4-2)式を導きましょう。流れ関数は、線素dsに沿っての積分ですが、これをx成分の要素dxとy成分の要素dyで置き換えてみましょう。x方向の単位ベクトルを$\vec{e_x}$とし、y方向の単位ベクトルを$\vec{e_y}$とすると、図4-6の上図のように線素ベクトルは

$$\vec{ds} = dx\vec{e_x} + dy\vec{e_y}$$

と書けます。この垂直方向は、これを90度右回転させた方向なので、図4-6の下図のように$\vec{ds}$のx成分とy成分を入れ替えてy成分にマイナスをかけたベクトル

$$d\vec{s} = dx\vec{e_x} + dy\vec{e_y}$$

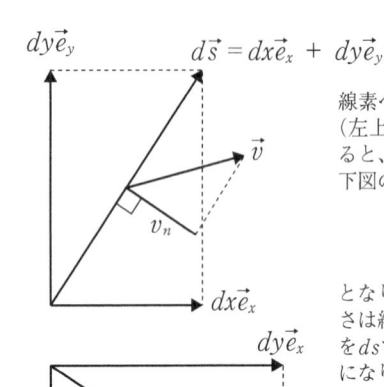

線素ベクトル$d\vec{s} = dx\vec{e_x} + dy\vec{e_y}$（左上図）を90度右に回転させると、回転後のベクトルは左下図のように

$$-dx\vec{e_y} + dy\vec{e_x}$$

となります。このベクトルの長さは線素と同じdsなので、これをdsで割れば、単位ベクトルになります。

$$\frac{-dx\vec{e_y} + dy\vec{e_x}}{ds}$$

v_nは、この単位ベクトルと流速ベクトル$\vec{v}$との内積です。

図4-6 線素ベクトルに垂直な単位ベクトル

$$-dx\vec{e_y} + dy\vec{e_x}$$

の方向と同じになります。このベクトルの長さは線素と同じdsなので、これをdsで割ればこの垂直方向の単位ベクトルになります。

垂直方向の流速の成分v_nは、流速ベクトル$\vec{v}$とこの（線素の）垂直方向の単位ベクトルの内積なので（付録参照：単位ベクトルと内積）、

第4章 流れ関数と速度ポテンシャル

$$v_n = \vec{v} \cdot \frac{-dx\vec{e_y} + dy\vec{e_x}}{ds}$$

$$= (v_x\vec{e_x} + v_y\vec{e_y}) \cdot \frac{-dx\vec{e_y} + dy\vec{e_x}}{ds}$$

$$= \frac{-v_x dx\vec{e_x} \cdot \vec{e_y} + v_x dy\vec{e_x} \cdot \vec{e_x} - v_y dx\vec{e_y} \cdot \vec{e_y} + v_y dy\vec{e_y} \cdot \vec{e_y}}{ds}$$

となり、$\vec{e_x} \cdot \vec{e_y} = 0$（直交しているので0になります）と $\vec{e_x} \cdot \vec{e_x} = \vec{e_y} \cdot \vec{e_y} = 1$ という単位ベクトルの基本的な関係を使うと

$$= \frac{v_x dy - v_y dx}{ds}$$

となります。よって、両辺にdsをかけると

$$v_n ds = -v_y dx + v_x dy \qquad (4\text{-}8)$$

となります。

流れ関数ψの微小な変化を$d\psi$と書くと、$\psi = \int d\psi$ の関係（積分範囲を省略しています）と(4-7)式から

$$\psi = \int d\psi = \int v_n ds$$

が成り立ちます。よって、積分の中身を比べると

$$d\psi = v_n ds$$

であることがわかりますが、これに(4-8)式を代入すると

$$d\psi = -v_y dx + v_x dy \qquad (4-9)$$

となります。一方、ψの全微分をxとyで表すと

$$d\psi = \frac{\partial \psi}{\partial x} dx + \frac{\partial \psi}{\partial y} dy$$

と書けるので、これを(4-9)式と比べると

$$\frac{\partial \psi}{\partial x} = -v_y, \ \frac{\partial \psi}{\partial y} = v_x$$

が得られます。これで(4-2)式が得られました。

■流れ関数の値が一定である位置を線でつなぐと流線になる

流れ関数には、「流れ関数の値が一定である位置を線でつなぐと流線になる」というおもしろい性質があるのでこれを見ておきましょう。たとえば、図4-4で、点Aと点Pの流れ関数の値が同じであるとします。このとき点Oから点Aへの流れ関数はどの経路をとっても同じ値になります。したがって、点Oから点Pを経由して点Aにいたっても、あるいは、点Oから点Qを経由して点Aにいたっても

第4章 流れ関数と速度ポテンシャル

同じ値です。よって

$$\int_{O \to Q}^{A} v_n \, ds = \int_{O}^{P} v_n \, ds + \int_{P}^{A} v_n \, ds$$

となります。左辺は点Oから点Qを経由して点Aにつながる経路での積分です。一方、右辺は点Oから点Pを経由して点Aにいたる流れ関数です。ここでは、点Aと点Pの流れ関数の値は同じなので、

$$\int_{O \to Q}^{A} v_n \, ds = \int_{O}^{P} v_n \, ds$$

という式も同時に成り立ちます。これを上式に代入すると

$$\int_{P}^{A} v_n \, ds = 0$$

となります。この式の左辺は線分PAを横切る流れを表すので、その値がゼロであるということは、「線分PAを横切る流量がゼロである」ことを表しています。したがって、流れ関数の値が同一である点を密に拾ってつないで線にすると、その線を横切る流れはまったく存在しないということになります。これは第2章で見たように「流線を横切る流れはない」という流線に固有の性質です。というわけで流れ関数の値が一定である点をつないで線にすると流線になります。

この関係は、(4-9)式を使って証明することも可能です。流れ関数の値が一定の線上では常に、「$\psi = $一定」な

ので、$d\psi = 0$ が成り立ちます。したがって、(4-9)式より

$$d\psi = -v_y dx + v_x dy = 0$$

となります。これを変形すると

$$\frac{v_y}{v_x} = \frac{dy}{dx}$$

が得られます。この式は、線素の方向（dx, dy）と流速ベクトル(v_x, v_y)の方向が同じであることを表している(2-1)式と同じなので、この線が流線であることを表しています。

■複素数とは

本章の最後に複素数がどのようなものであるか見ておきましょう。次章の複素速度ポテンシャルの理解に必要になります。

まず、複素数は、実数と虚数の足し算で表される数です。実数は、普通の整数や小数や分数のことで、通常は中学までに習う数学は実数だけを扱います。それに対して、虚数は16世紀になって、その存在が認識されるようになった数です。

ある数を2乗したものを平方と呼び、平方の元になった数を平方根と呼びます。例えば2を2乗すると$4(=2^2)$になりますが、2の平方が4で、4の平方根が$+2$と-2です。ここまでは簡単です。次に、数学の発展過程では-1の平

第4章　流れ関数と速度ポテンシャル

方根を考える必要に迫られました。2乗して4になる数や、9になる数は簡単にわかりますが、2乗して−1になる数となると、どのようなものなのか直観的につかめない方がほとんどだと思います。実際、筆者も直観的には理解できません。もちろん、アラビア数字の中にそのような数字は存在しません。そこで−1の平方根には、アルファベットのiという文字を使うことにして、この数を**虚数**と呼ぶことになりました。英語ではimaginary number（直訳すると、想像上の数）と呼びます。デカルト（1596〜1650）によって名付けられました。任意の虚数は、このiのb（実数）倍なのでibと書けます。そこで、iは**虚数単位**と呼ばれます。iは、imaginaryの頭文字からとったものです。式で書くとiと−1の関係は

$$i \times i = -1$$
$$i = \sqrt{-1}$$

となります。一方、虚数以外のそれまで使われていた数は**実数**（real number：直訳すると「現実の数」）と呼ばれるようになりました。

　虚数の存在を認めると、「数の概念」は、実数から拡張されて、実数と虚数の両方で表されるということになります。そこで、この拡張した数を**複素数**と呼ぶことにしました。複素数zは、実数aと虚数ibの和で表されます。式で書くと

$$z = a + ib$$

となります。ここで、実数の部分を**実部**と呼び、虚数の部分を**虚部**と呼びます。

　この複素数を、図示できるようにしたのが、19世紀最大の数学者といわれるガウス（1777～1855）です。ガウスは横軸（このx軸を**実軸**と呼びます）に実数をとり、縦軸（このy軸を**虚軸**と呼びます）に虚数をとった**複素平面**（ガウス平面とも呼ばれます）を考え出しました。図4-7の複素平面においては、複素数$a+ib$は、x軸（実軸）上の大きさがaでy軸（虚軸）上の大きさがbである１つの点として表されます。

　この複素数$a+ib$を、極座標を使って表すことも可能で、それを**極形式表示**と呼びます。極形式表示では、xy平面上の座標(x, y)ではなく、図4-7のように原点からの距離rと実軸（x軸）からの角度θ（これを**偏角**と呼びます）で複素数を表します。なので、

$$a + ib = r(\cos\theta + i\sin\theta)$$

となります。ここでオイラーの公式（付録参照）

$$e^{i\theta} = \cos\theta + i\sin\theta$$

を使うと、

第4章　流れ関数と速度ポテンシャル

虚数

$$z = a + ib$$
$$= r(\cos\theta + i\sin\theta)$$
$$= re^{i\theta}$$

$e^{i\theta} = \cos\theta + i\sin\theta$

実数

$a - ib = re^{-i\theta}$

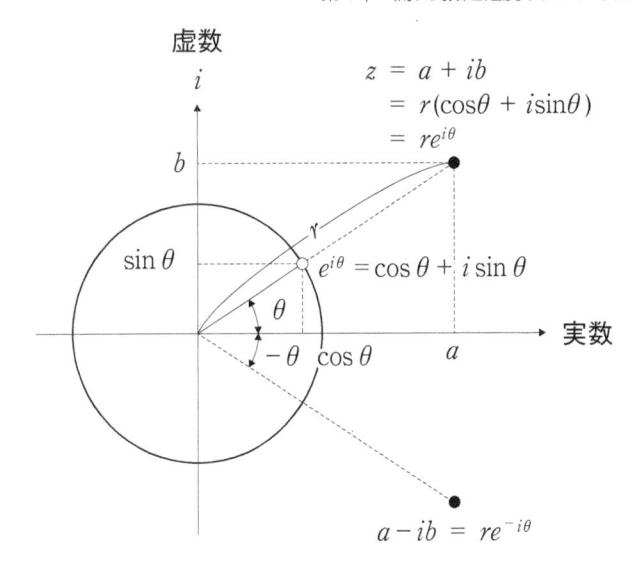

図4-7　複素平面とオイラーの公式

$$a + ib = re^{i\theta}$$

となります。

　複素数の絶対値の大きさは、この図の原点からの距離で表されます。複素数は $a+ib$ と表されますが、図の原点からの距離 r は $\sqrt{a^2+b^2}$ です。複素数 $a+ib$ から距離の2乗 a^2+b^2 を求めるには、$a+ib$ に $a-ib$ をかければよいことがわかります。

$$(a+ib)(a-ib) = a^2 + b^2$$

この $a-ib$ を元の $a+ib$ の**複素共役**(ふくそきょうやく)と呼びます。複素共役の数は、図4-7のように、実軸を対称軸とする線対称の位置にあります。偏角を使って表示すると、

$$\begin{aligned} a-ib &= r(\cos\theta - i\sin\theta) \\ &= r(\cos(-\theta) + i\sin(-\theta)) \\ &= re^{-i\theta} \end{aligned}$$

となります。これで、複素数の基礎が理解できました。

2次元の流体力学の理論では、この複素平面が大活躍します。というのは、複素平面の実軸と虚軸をそのまま実際の空間のx軸とy軸に対応させて使うからです。実空間の2次元の座標は、たとえば座標 (x, y) と表していたわけですが、複素平面を借用することで、この座標を

$$z \equiv x + iy$$

という1つの複素数zで表せます。こうすると、x座標についての計算とy座標についての計算を、1つの複素数zに対する計算として同時に行えます。計算後に実部と虚部に分ければ、x座標とy座標の計算結果が同時に得られます。これが複素平面を借用する利点です。

第4章　流れ関数と速度ポテンシャル

■流体力学を切り開いた天才たち

　流体力学を切り開いたベルヌーイ（1700〜1782）とオイラー（1707〜1783）はちょうど18世紀がスタートするころに生まれています。ピトー管で有名なピトーはベルヌーイより5歳年長です（1695〜1771）。

　ダランベール（1717〜1783）とラグランジュ（1736〜1813）は解析力学の構築に貢献した数理物理学者で流体力学の分野でも業績を残しました。

　粘性流体を研究対象としたナビエ（1785〜1836）やストークス（1819〜1903）らが登場したのは、ベルヌーイの時

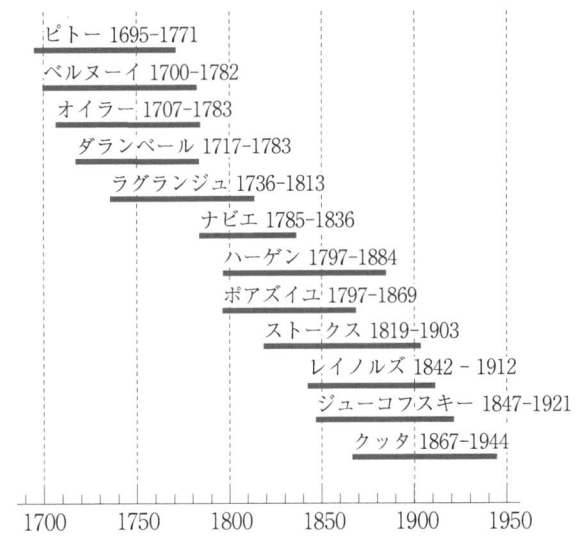

図4-8　流体力学の開拓者たち

代から約100年後です。ベルヌーイの定理の発表（1738年）からナビエ・ストークス方程式の発表（1822年、1845年）までも約100年かかっています。ハーゲン（1797～1884）とポアズイユ（1797～1869）がパイプの中の流れを明らかにしたのは、1839年と1840年でした。この流れはハーゲン・ポアズイユの流れと呼ばれています。

　2次元翼の理論は本書で扱う主題の中では比較的新しく、ジューコフスキー（1847～1921）とクッタ（1867～1944）は、ウィルバー・ライト（1867～1912）とオーヴィル・ライト（1871～1948）の2人のライト兄弟とほぼ同時代です。乱流の研究を始めたレイノルズ（1842～1912）が活躍した時期は、ジューコフスキーとほぼ重なっています。

　さて本章では、速度ポテンシャルと流れ関数という2次元の流体理論でとても重要な関数の性質を理解しました。次章では、この2つを組み合わせた複素速度ポテンシャルを理解しましょう。

第 5 章

複素速度ポテンシャル

■**複素速度ポテンシャルの微分は何を表すか**

　速度ポテンシャルと流れ関数を理解したので、次に(4-3)式の複素速度ポテンシャルにとりかかりましょう。(4-1)式と(4-2)式では、速度ポテンシャルと流れ関数の微分が速度と関係しています。とすると速度ポテンシャルと流れ関数を(4-3)式の形で組み合わせて作られる複素速度ポテンシャルでも、微分をとれば速度が出てくるだろうと推測できます。というわけで、複素速度ポテンシャルの微分が何を表すのかをまず見てみましょう。

　複素速度ポテンシャルwを複素数の変数$z=x+iy$で微分する場合には、wとzのどちらも複素数です。この複素数の微分 $\frac{dw}{dz}$ の定義は、

$$\frac{dw}{dz} = \lim_{\Delta z \to 0} \frac{\Delta w}{\Delta z} = \lim_{\Delta z \to 0} \frac{w(z+\Delta z) - w(z)}{\Delta z} \qquad (5\text{-}1)$$

というもので、微小な変化Δzで、関数の微小な変化Δwを割ったものです。複素平面上で、zの近傍に$z+\Delta z$をとったとすると、$z+\Delta z$の位置によって$\Delta z \to 0$の近づき方が異なるので（図5-1）、一般的には(5-1)式の値も異なるように思えます。しかし、(5-1)式の値が、近づく方向によらない関数も存在していて、それを、**正則関数**（または**解析関数**）と呼びます。複素数の微分では、この$z+\Delta z$がzに近づく方向によらずに(5-1)式が同じ値をとるときのみに「微分可能である」と表現します。また、この「微分可能であること」を、「正則である」と表現します。この後で

第5章 複素速度ポテンシャル

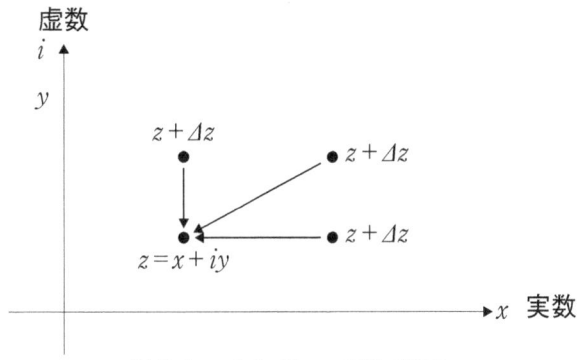

図5-1 $z+\Delta z$ の z への近づき方

見るように、「複素速度ポテンシャルを z で微分することによって、x 方向や y 方向の速度が得られる」という関係を流体力学では利用するので、複素速度ポテンシャルは正則である必要があります。正則でない場合は「微分できない複素速度ポテンシャル」になり、役に立ちません。

複素速度ポテンシャルが微分可能であるとすると、(5-1)式の微分も $\Delta z \to 0$ の近づき方によらないことになります。たとえば、y を固定して（よって $\Delta y = 0$）x だけを変化させる微分

$$\frac{dw}{dz} = \lim_{\Delta z \to 0} \frac{\Delta w}{\Delta x + i\Delta y} = \lim_{\Delta x \to 0} \frac{\Delta w}{\Delta x} = \frac{\partial w}{\partial x} = \frac{\partial \phi}{\partial x} + i \frac{\partial \psi}{\partial x} \quad (5\text{-}2)$$

でも、逆に x は固定して（よって $\Delta x = 0$）y だけを変化させる微分

$$\frac{dw}{dz} = \lim_{\Delta x \to 0} \frac{\Delta w}{\Delta x + i\Delta y} = \lim_{\Delta y \to 0} \frac{\Delta w}{i\Delta y} = \frac{\partial w}{i\partial y} = \frac{\partial \phi}{i\partial y} + i\frac{\partial \psi}{i\partial y}$$
$$= -i\frac{\partial \phi}{\partial y} + \frac{\partial \psi}{\partial y} \tag{5-3}$$

でも、正則関数であれば、同じ値になる必要があります。よって、(5-2)式と(5-3)式は等しいので

$$\frac{dw}{dz} = \frac{\partial \phi}{\partial x} + i\frac{\partial \psi}{\partial x} = -i\frac{\partial \phi}{\partial y} + \frac{\partial \psi}{\partial y}$$

が成り立ちます。この左辺と右辺の実部どうしと、虚部どうしは等しいので

$$\frac{\partial \phi}{\partial x} = \frac{\partial \psi}{\partial y} \tag{5-4}$$

$$\frac{\partial \psi}{\partial x} = -\frac{\partial \phi}{\partial y} \tag{5-5}$$

が得られます。この2つの式は、理系大学の1、2年生で学ぶ数学の「複素関数論」で、**コーシー・リーマンの関係式**と呼ばれているものです。ここでは複素関数 $w = \phi + i\psi$ が正則（微分可能）であれば(5-4)式と(5-5)式が成り立つことを示しました。本書では割愛しますが、逆に(5-4)式と(5-5)式が成り立てば、複素関数wが正則であることも証明できます。

　(5-2)式と(5-3)式に、(4-1)式と(4-2)式を使うと、とも

第5章　複素速度ポテンシャル

に $v_x - iv_y$ になります。よって、これをまとめると

$$\frac{dw}{dz} = \frac{\partial \phi}{\partial x} + i\frac{\partial \psi}{\partial x} = -i\frac{\partial \phi}{\partial y} + \frac{\partial \psi}{\partial y} = v_x - iv_y \quad (5\text{-}6)$$

となります。この式は、複素速度ポテンシャルwを複素変数zで微分すれば、実部には流速のx成分v_xが得られ、虚部にはマイナスをかけた流速のy成分$-v_y$が得られることを示しています。また、すでに見たように複素速度ポテンシャルが正則関数であることから(5-2)式と(5-3)式はともに成立するので、zによる微分$\frac{dw}{dz}$は、xによる偏微分$\frac{\partial w}{\partial x}$か、$iy$による偏微分$\frac{\partial w}{i\partial y}$のどちらの計算でも得られることになります。$v_x + iv_y$を**複素速度**と呼び、(5-6)式の右辺の$v_x - iv_y$を**共役複素速度**と呼びます。

■複素速度ポテンシャルの具体例

　複素速度ポテンシャルの重要な性質である(5-6)式を導いたので、次に複素速度ポテンシャルの具体例をいくつか見てみましょう。ここでは、「一様な流れ」から始まって、「二重湧き出し」そして「循環」まで、5種類の例を見ていきますが、そのいずれもが重要です。

　まず、最も簡単な「一様な流れ」から見てみましょう。一様な流れとは直線的に同じ速さで同じ方向に流れているものです。この一様な流れの複素速度ポテンシャルwは、

$$w = (a+ib)z = (a+ib)(x+iy) \qquad (5\text{-}7)$$

という簡単な形をしています。ここで、aとbは流れの方向を表す定数です。

この関数の性質を見るために(5-7)式を展開すると、

$$w = ax - by + i(ay + bx)$$

となります。(5-6)式から、これをzで微分すれば、共役複素速度が得られます。(5-2)式から、この微分はxの偏微分に等しいので、

$$\frac{dw}{dz} = \frac{\partial w}{\partial x} = \frac{\partial}{\partial x}\{ax - by + i(ay + bx)\}$$
$$= a + ib$$

となり、重要な(5-6)式を使って

$$v_x = a \qquad (5\text{-}8)$$
$$v_y = -b \qquad (5\text{-}9)$$

が得られます。つまり、この流れは、x方向の速さがaでy方向の速さが$-b$の一様な流れを表していることがわかります。

図5-2のように速さがUでx軸とのなす角がαである一様

第5章 複素速度ポテンシャル

速さUの一様な流れ

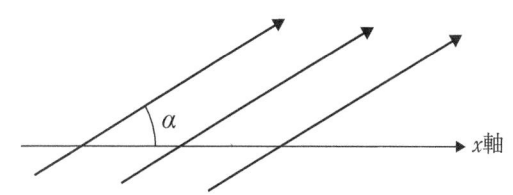

図5-2　速さがUでx軸とのなす角がαである一様な流れ

な流れでは、

$$v_x = U \cos \alpha$$
$$v_y = U \sin \alpha$$

の関係が成り立つので、(5-8)式と(5-9)式から

$$v_x = a = U \cos \alpha$$
$$v_y = -b = U \sin \alpha$$

となります。なお、ここで速さを表す変数にUを選んだのは、「一様」の英語Uniform（ユニフォーム）にちなんでいます。この2つの式とオイラーの公式

$$e^{i\alpha} = \cos \alpha + i \sin \alpha$$

を使うと(5-7)式は

$$w = (a+ib)(x+iy) = (U\cos\alpha - iU\sin\alpha)(x+iy)$$
$$= Ue^{-i\alpha}(x+iy)$$
$$= Ue^{-i\alpha}z \qquad (5\text{-}10)$$

と書けます。これは一様な流れを表す複素速度ポテンシャルの極形式による表示で、よく使われます。

■湧き出しと吸い込み

複素速度ポテンシャルでは、**湧き出し**と**吸い込み**と呼ばれる流れも重要です。湧き出しというと、筆者などは、富士山のまわりの湧水群などを思い出します。静岡県側や山梨県側にもいくつかの有名な湧水がありますが、小川の底で地中から湧き出している清冽な泉を眺めると、すがすがしい気持ちになります。流体力学で扱う湧き出しはこれに近いイメージで、図5-3のように1点から湧き出して放射状に広がっている流れです。

図5-3の湧き出しでは原点のまわりに循環や渦はなく、流れはひたすら外側に向かって広がっていきます。この湧き出しの複素速度ポテンシャルは、対数 log を使って

$$w = m\log z \quad (m は正の実定数) \qquad (5\text{-}11)$$

で表されます。前節と同様に x で偏微分すると

第5章 複素速度ポテンシャル

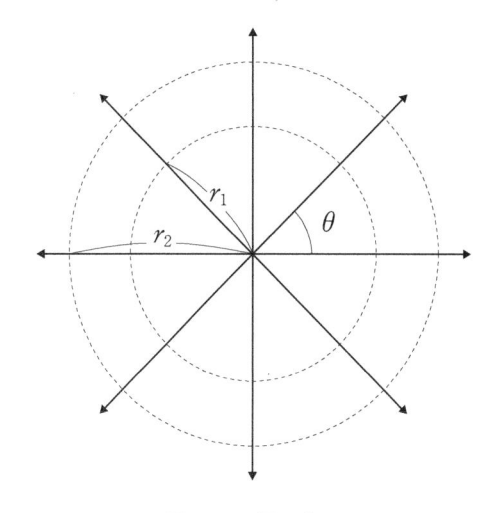

図5-3 湧き出し

$$\frac{dw}{dz} = \frac{\partial w}{\partial x} = \frac{\partial}{\partial x}\left\{m \log(x+iy)\right\}$$
$$= m\frac{1}{x+iy}\frac{\partial}{\partial x}(x+iy)$$
$$= \frac{m}{x+iy}$$

となり（付録参照：logの微分）、実部と虚部に分離するために、分子と分母にともに $x-iy$ をかけると

$$= \frac{m(x-iy)}{(x+iy)(x-iy)}$$

115

$$= \frac{m(x-iy)}{x^2+y^2}$$

$$= \frac{mx}{x^2+y^2} - i\frac{my}{x^2+y^2}$$

となります。さらに $(x,y) = (r\cos\theta, r\sin\theta)$ とおいて極座標に変換すると

$$= \frac{mr\cos\theta}{r^2} - i\frac{mr\sin\theta}{r^2}$$

$$= \frac{m}{r}\cos\theta - i\frac{m}{r}\sin\theta$$

となります。これに(5-6)式を使うと

$$v_x = \frac{m}{r}\cos\theta \qquad (5\text{-}12)$$

$$v_y = \frac{m}{r}\sin\theta \qquad (5\text{-}13)$$

が得られます。速さのx成分とy成分にそれぞれ$\cos\theta$と$\sin\theta$があることから、図5-3のように流れが放射状に広がっていることがわかります。また、原点から距離rの位置での流速は

$$\sqrt{v_x^2+v_y^2} = \sqrt{\left(\frac{m}{r}\right)^2\cos^2\theta + \left(\frac{m}{r}\right)^2\sin^2\theta}$$

$$= \sqrt{\left(\frac{m}{r}\right)^2(\cos^2\theta + \sin^2\theta)}$$

$$= \frac{m}{r}$$

となり、角度θにかかわらず$\frac{m}{r}$で一定です。このように「流速が原点からの距離rに反比例して減少すること」が湧き出しの特徴です。

図5-3のように原点を中心とする距離r_1の円（内側の点線）を描いたとして、短い時間Δtの間にその円の外側に流れ出す流量は、円周の長さ×流速×Δtなので、

$$2\pi r_1 \frac{m}{r_1} \Delta t = 2\pi m \Delta t$$

です。次に半径がr_1より大きい半径r_2の円（外側の点線）を越えてその外側に流れ出す流量は同様に

$$2\pi r_2 \frac{m}{r_2} \Delta t = 2\pi m \Delta t$$

となります。湧き出しが原点のみに1つしかなく、他に吸い込みもない場合には、この半径r_1の円を越えて流れ出す流量と、半径r_2の円を越えて流れ出す流量は等しくなければなりませんが、この結果はそうなっています。つまり、流速が原点からの距離rに反比例して減少していくのは、「円の半径にかかわらず、円を越えて外側に流れ出す流量は同じである」という条件から生じていることがわかります。

「湧き出し」の反対の「吸い込み」の関数は、外側から原

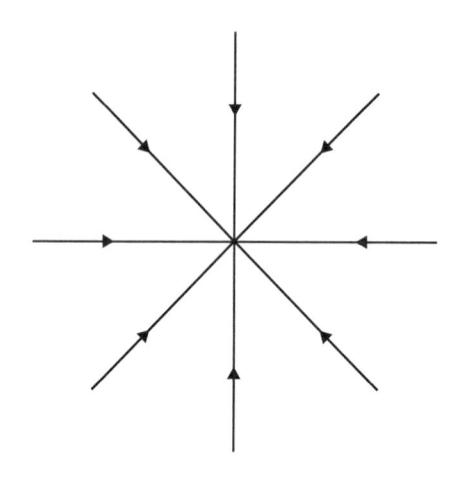

図5-4 吸い込み

点に向かう流れなので(図5-4)、v_xとv_yは、(5-12)式と(5-13)式にマイナスをかけたものになるはずです。したがって、吸い込みを表す複素速度ポテンシャルは、(5-11)式と同じ形で、mを「負」の実数の定数としたものになることがわかります。

なお、(5-11)式は、原点に湧き出しがある場合の式ですが、湧き出しの中心がz_0である場合には、複素速度ポテンシャルは

$$w = m \log(z - z_0) \qquad (5\text{-}14)$$

となります。$z' \equiv z - z_0$という変数変換を行うと、(5-14)式は$w = m \log z'$となり、(5-11)式と同じ形になります。こ

第5章 複素速度ポテンシャル

れから（5-14）式は湧き出しの中心がz_0にずれているだけで、それ以外の性質は（5-11）式と同じであることがわかります。

■奇っ怪なるもの、それは二重湧き出し

　湧き出しと吸い込みについて理解しました。このどちらも流体力学では必ず理解していなければならない重要な流れです。この湧き出しと吸い込みを組み合わせた流れを、**二重湧き出し**と言います。「組み合わせる」と言われてもすぐにはイメージできないと思いますが、この奇っ怪な二重湧き出しはとても重要です。なぜ重要かというと、次章以降で見るように円のまわりの流れを表すのに必要だからです。では、なぜ円のまわりの流れが重要かというと、これも次章以降で見るように円を"ある写像"を使って翼の形に変換できるからです。本書のこの段階では、これらの関係が混沌としていますが、「二重湧き出しは、やがて翼のまわりの流れに関係するのだ」ということを頭の片隅に置いておきましょう。ここではその二重湧き出しを見てみます。

　二重湧き出しでは、湧き出しと吸い込みの強さは同じであるとします。ここでは、原点近傍のx軸上の座標$(-\delta, 0)$に湧き出しがあり（$\delta>0$）、原点に吸い込みがある場合を考えましょう。このδは小さな値なので、図5-3と図5-4をx軸上で少しずらして重ねたイメージです。この両者が存在する場合の複素速度ポテンシャルは、（5-14）式を使って

$$w = m \log(z+\delta) - m \log z \qquad (5\text{-}15)$$

と表されます。右辺の第1項が湧き出しで、第2項が吸い込みなので$m > 0$です。次に、δ が無限に小さい場合を考えましょう。つまり、湧き出しと吸い込みが限りなく近づいて重なった場合です。この場合は(5-15)式は

$$\begin{aligned}w &= \lim_{\delta \to 0}\{m \log(z+\delta) - m \log z\} \\ &= \lim_{\delta \to 0}\left\{m\delta \frac{\log(z+\delta) - \log z}{\delta}\right\}\end{aligned} \qquad (5\text{-}16)$$

と表せます。ただし、m が有限の値である場合には、δ がゼロに近づくと分数の左の係数$m\delta$もゼロに近づくので、この複素速度ポテンシャルもゼロに近づくことになります。そこで、ここではmは無限大に近いとても大きな値であるとしましょう。δはゼロに近づきますが、mは極めて大きいので、$m\delta$は無限大でもゼロでもない一定の値に近づくという場合を考えるわけです。その値を $\mu \equiv m\delta$ と置くことにし、まず、$\mu > 0$ の場合を考えることにします。

さて、(5-16)式の分数はlogの微分の定義と同じです。よって、この複素速度ポテンシャルを微分記号を使って表すと

$$w = \mu \frac{d}{dz} \log z$$

第5章 複素速度ポテンシャル

$$= \frac{\mu}{z} \tag{5-17}$$

となります。何か異常に簡潔な形になったので、筆者などは少し感動を覚えます。

さて、複素速度ポテンシャルが求められたので、どのような流れなのか見てみましょう。まず、流線を求めてみましょう。(5-17)式の複素速度ポテンシャルを速度ポテンシャルと流れ関数に分けると

$$\begin{aligned}w &= \frac{\mu}{x+iy} \\ &= \frac{\mu(x-iy)}{(x+iy)(x-iy)} \\ &= \frac{\mu(x-iy)}{x^2+y^2} \\ &= \frac{\mu x}{x^2+y^2} - i\frac{\mu y}{x^2+y^2}\end{aligned}$$

となり、(4-3)式より速度ポテンシャルϕと流れ関数ψ

$$\phi = \frac{\mu x}{x^2+y^2}$$

$$\psi = -\frac{\mu y}{x^2+y^2}$$

が得られます。すでに見たように流線は流れ関数の値が一定の値をとる線です。そこで、この一定の値を定数Cと置くと

$$\psi = -\frac{\mu y}{x^2+y^2} = C$$

となります（Cは正負どちらの値もとれます）。これを書き換えると、

$$C(x^2+y^2) = -\mu y$$
$$\therefore x^2+y^2+\frac{\mu y}{C} = 0$$
$$\therefore x^2+\left(y+\frac{\mu}{2C}\right)^2-\left(\frac{\mu}{2C}\right)^2 = 0$$
$$\therefore x^2+\left(y+\frac{\mu}{2C}\right)^2 = \left(\frac{\mu}{2C}\right)^2$$

となります。これは、円を表す式で、円の中心の座標は $\left(0, -\frac{\mu}{2C}\right)$ で、半径は $\frac{\mu}{2C}$ です。流れはこの円に沿ってぐるっと1周することになります。円の中心のy座標 $-\frac{\mu}{2C}$ を-3から$+3$まで1ずつ変えてプロットしたのが図5-5です。このように座標の原点でx軸に接する円が流線です。あたかも2つのタイヤを縦に並べて、上のタイヤは時計回りに、そして下のタイヤは反時計回りに回しているかのようです。

次に、流れの方向を求めてみましょう。(5-6)式を使ってv_xとv_yを求めると

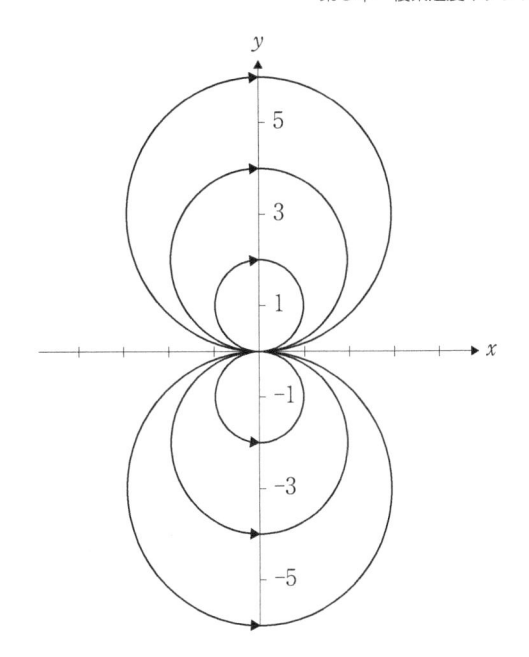

図5-5 二重湧き出し

$$\begin{aligned}\frac{dw}{dz} &= \frac{d}{dz}\left(\frac{\mu}{z}\right) \\ &= -\frac{\mu}{z^2} \\ &= -\frac{\mu}{(x+iy)^2} \\ &= -\frac{\mu(x-iy)^2}{(x+iy)^2(x-iy)^2}\end{aligned}$$

$$= -\frac{\mu(x^2 - y^2 - 2ixy)}{(x^2 + y^2)^2}$$

$$= \frac{\mu(-x^2 + y^2)}{(x^2 + y^2)^2} + i\frac{2\mu xy}{(x^2 + y^2)^2}$$

から

$$v_x = \frac{\mu(-x^2 + y^2)}{(x^2 + y^2)^2}$$

$$v_y = -\frac{2\mu xy}{(x^2 + y^2)^2}$$

が得られます。この式を使うと、原点を除くy軸上（$x=0$）での流速は

$$v_x = \frac{\mu}{y^2}$$

$$v_y = 0$$

となります。つまり、y軸上（$x=0$）での流速はy成分を持たず、$\mu > 0$の場合は正のx方向の成分だけを持つことがわかります。図5-5では、流れの方向は矢印で示しました。y軸上での流れの方向が逆の二重湧き出しは(5-17)式でμは負になります。

　なお、二重湧き出しがx軸から角α傾いているときの複素速度ポテンシャルは、導出は割愛しますが、

第5章 複素速度ポテンシャル

$$w = \frac{\mu}{e^{-i\alpha} z} \qquad (5\text{-}18)$$

となります。

■**円形の循環の複素速度ポテンシャル**

本章の最後で、「円の形の循環」を表す複素速度ポテンシャルを見ておきましょう。この複素速度ポテンシャルは、

$$w = -i\frac{\Gamma}{2\pi} \log z \quad (\Gamma\text{は正の実数}) \qquad (5\text{-}19)$$

と表されます。

まず、流れ関数を求めてみましょう。第4章で見た複素数の極形式表示の $z = re^{i\theta}$ を使うと、この複素速度ポテンシャルは、

$$\begin{aligned}
&= -i\frac{\Gamma}{2\pi} \log re^{i\theta} \\
&= -i\frac{\Gamma}{2\pi} \left(\log r + \log e^{i\theta}\right) \\
&= -i\frac{\Gamma}{2\pi} \left(\log r + i\theta\right) \\
&= \frac{\Gamma}{2\pi}\theta - i\frac{\Gamma}{2\pi}\log r
\end{aligned}$$

となるので、(4-3)式から、流れ関数は、

$$\psi = -\frac{\Gamma}{2\pi}\log r$$

と求まります。流れ関数の値が一定である点をつなぐと流線になることから

$$\psi = -\frac{\Gamma}{2\pi}\log r = C \quad (Cは定数)$$

を満たす座標が流線になります。これを変形すると

$$r = e^{-\frac{2\pi C}{\Gamma}}$$

となります。指数関数の肩に乗っている Γ も C も定数なので、この式は $r=$ 一定となる座標が流線になることを表しています。つまり、図5-6のように原点を中心とする半径 r の円が「この循環の流線」を表します。

次に流速を求めるために(5-6)式を使うと

$$\begin{aligned}\frac{dw}{dz} &= -i\frac{\Gamma}{2\pi}\frac{1}{z} \\ &= -i\frac{\Gamma}{2\pi}\frac{1}{x+iy} \\ &= -i\frac{\Gamma}{2\pi}\frac{x-iy}{x^2+y^2} \\ &= -\frac{\Gamma}{2\pi}\frac{y}{x^2+y^2} - i\frac{\Gamma}{2\pi}\frac{x}{x^2+y^2}\end{aligned}$$

第5章 複素速度ポテンシャル

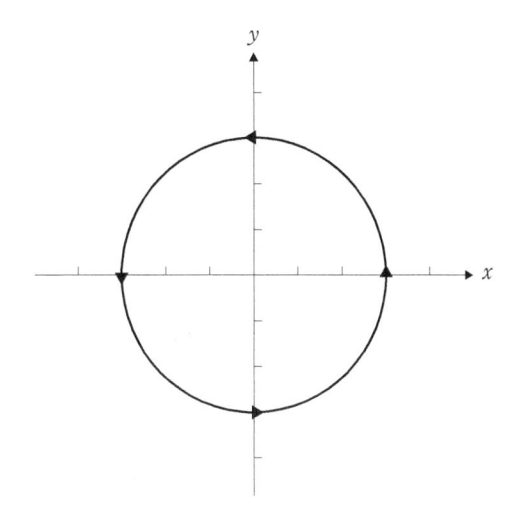

図5-6 円の形の循環

$$\therefore v_x = -\frac{\Gamma}{2\pi}\frac{y}{x^2+y^2}, \quad v_y = \frac{\Gamma}{2\pi}\frac{x}{x^2+y^2}$$

となります。これらの式からx軸上の座標$(x, 0)$での流速を求めると

$$v_x = 0,$$
$$v_y = \frac{\Gamma}{2\pi x} \quad (5\text{-}20)$$

となります。x軸上の座標$(x, 0)$での流れの方向は、この$v_x = 0$の式から常にx軸に垂直であることがわかります。

また、流れの方向は、(5-20)式から、$x>0$ の座標では $v_y>0$ であり、$x<0$ の座標では $v_y<0$ であることがわかります。よって、この循環は反時計回りの流れであることがわかります。また(5-20)式では、原点から離れるにしたがって v_y が x に反比例して減少することにも注意しましょう。半径 R の円周上での循環を求めると、速さは(5-20)式から円周方向に沿って $\frac{\Gamma}{2\pi R}$ であり、円周の長さは $2\pi R$ なので、循環は(2-20)式より

$$\oint_C v_s \, ds = \frac{\Gamma}{2\pi R} \times 2\pi R = \Gamma \qquad (5\text{-}21)$$

となります。すなわち、(5-19)式の Γ は、もともと循環を表す定数だったということになります。また、この循環の値は、(5-21)式から、原点からの距離 r にかかわらず一定であることに注意しましょう。

　(5-19)式の複素速度ポテンシャルは、反時計回りの循環を表しますが、時計回りの循環の場合は、正負が逆転して

$$w = i\frac{\Gamma}{2\pi} \log z \quad (\Gamma は正の実数) \qquad (5\text{-}22)$$

となります。この(5-19)式や(5-22)式の複素速度ポテンシャルで表される流れは**渦糸**(うずいと)と呼ばれます。

　さて本章では、一様な流れ、湧き出し、吸い込み、二重

湧き出し、円の形の循環の複素速度ポテンシャルを理解しました。次章では、これらを組み合わせて、一様な流れの中にある円のまわりの複素速度ポテンシャルを表すことに挑戦しましょう。次章以降で見るように、円のまわりの複素速度ポテンシャルを知ることができれば翼のまわりの複素速度ポテンシャルが求められます。

　複素関数をもっと詳しく知りたい方は、拙著の『高校数学でわかる複素関数』をご覧下さい。物理学への応用において、複素関数が最も活躍している分野が流体力学です。

第 6 章

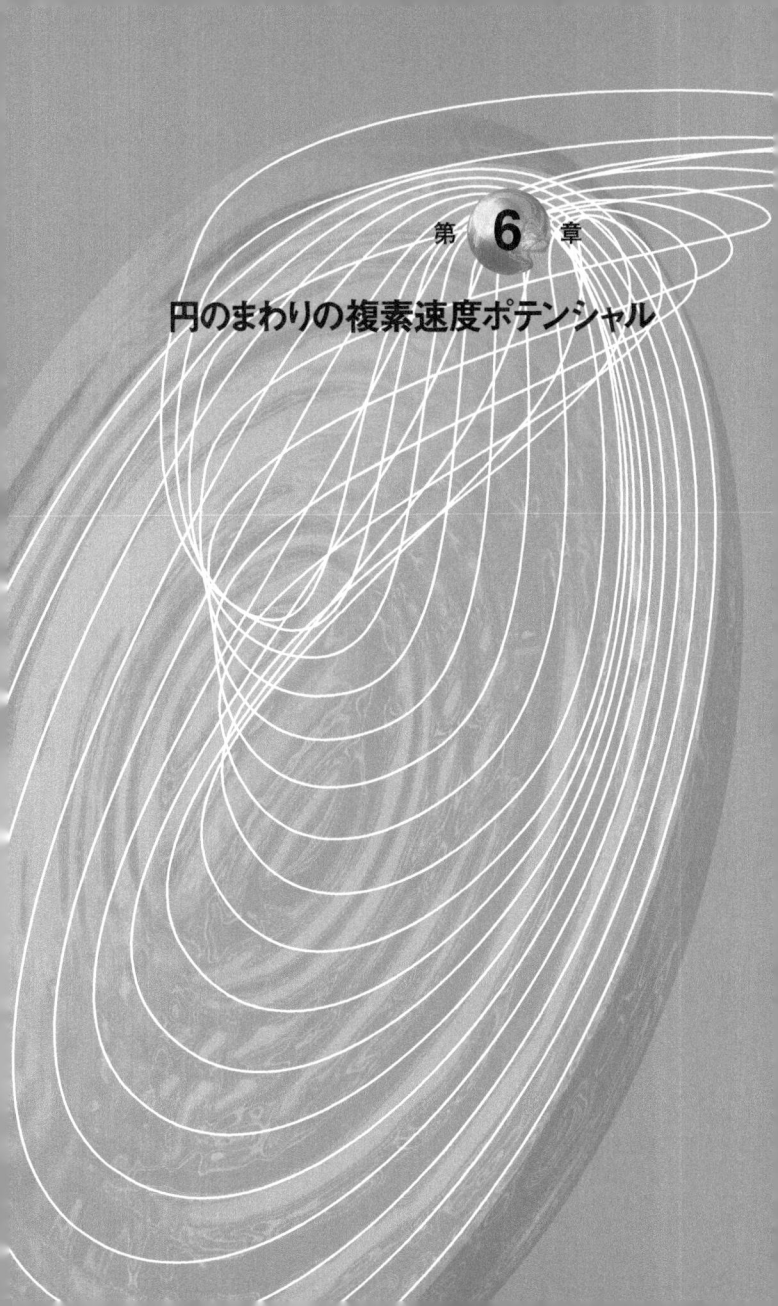

円のまわりの複素速度ポテンシャル

■円柱のまわりの複素速度ポテンシャル——一様な流れの場合

二重湧き出しの複素速度ポテンシャルを理解しましたが、これが「一様な流れの中に半径Rの円（柱）を置いた場合」の複素速度ポテンシャルに役立ちます。もちろん、そのように言われてもこの段階では「？？？」なのですが、その関係を見てみましょう。なお、2次元での円とは、3次元では紙面に垂直な円柱を表します。

ここでは円を挿入する前の一様な流れは、簡単のためにx軸に平行にマイナス方向からプラス方向に流れているものとします。また円の中心を図6-1のように座標の原点に

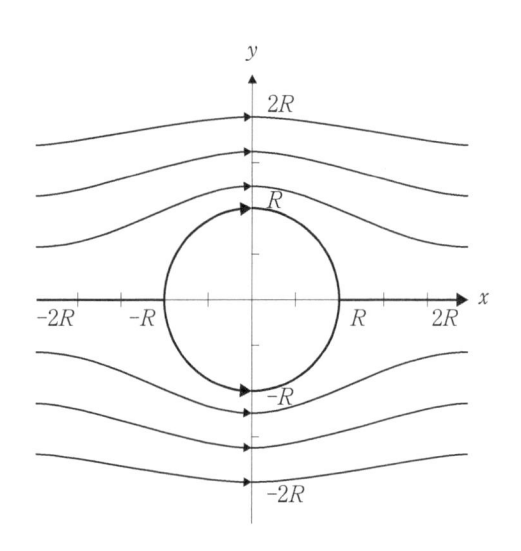

図6-1 「一様な流れ+二重湧き出し」で円柱のまわりの流れを表せる

第6章 円のまわりの複素速度ポテンシャル

置いた場合を考えます。このときx軸に沿ってマイナス方向から流れてきた流体を考えてみましょう。この流体は座標$(-R, 0)$で円にあたると、上下に分裂して、円の上半分と下半分のそれぞれに沿って流れます。そして、座標$(R, 0)$で合流すると、またx軸に沿ってプラスx方向に流れていくものと予想できます。

このような流れがどのような複素速度ポテンシャルで表されるかと言うと、実は「一様な流れ」と「二重湧き出し」との足し算で表されます。この関係をこれから確かめましょう。x軸に平行な一様な流れの複素速度ポテンシャルは、(5-10)式で角$\alpha = 0$と置いた場合なので（よって$e^{-i\alpha} = 1$）、$w = Uz$と表せます。これに(5-17)式の二重湧き出しの複素速度ポテンシャルを加えると

$$w = Uz + \frac{\mu}{z} \tag{6-1}$$

となります。x軸のマイナス方向から流れてくる流体について考えると、座標$(-R, 0)$では流れてきた流体は円柱にぶつかって上下に分かれるので、x方向の速度がゼロになる「よどみ点」になると考えられます。そこで、(5-6)式の$\frac{dw}{dz} = v_x - iv_y$を使って(6-1)式の複素速度ポテンシャルから$v_x$を求めると

$$\frac{dw}{dz} = U - \frac{\mu}{z^2}$$

133

$$= U - \frac{\mu}{(x+iy)^2}$$

$$= U - \frac{\mu(x-iy)^2}{(x+iy)^2(x-iy)^2}$$

$$= U - \frac{\mu(x-iy)^2}{(x^2+y^2)^2}$$

$$= U - \frac{\mu(x^2-y^2-2ixy)}{(x^2+y^2)^2}$$

$$= U - \frac{\mu(x^2-y^2)}{(x^2+y^2)^2} + i\frac{2\mu xy}{(x^2+y^2)^2}$$

$$\therefore v_x = U - \frac{\mu(x^2-y^2)}{(x^2+y^2)^2}$$

となります。ここでよどみ点の条件である $(x, y) = (-R, 0)$ で $v_x = 0$ を適用すると

$$v_x = U - \frac{\mu R^2}{(R^2)^2} = 0$$

$$\therefore \mu = UR^2 \tag{6-2}$$

が得られます。

したがって、(6-1)式の複素速度ポテンシャルに、(6-2)式を代入すると複素速度ポテンシャルは、

$$w = Uz + \frac{UR^2}{z} \tag{6-3}$$

となります。この(6-3)式を実部と虚部に分けて、(4-3)式の $w = \phi + i\psi$ を使って流れ関数を求めると

$$\begin{aligned}
w &= U(x+iy) + \frac{UR^2}{x+iy} \\
&= U(x+iy) + \frac{UR^2(x-iy)}{x^2+y^2} \\
&= U(x+iy) + \frac{UR^2 x}{x^2+y^2} - i\frac{UR^2 y}{x^2+y^2} \\
\therefore \psi &= Uy - \frac{UR^2 y}{x^2+y^2} \\
&= \left(r - \frac{R^2}{r}\right) U \sin\theta \tag{6-4}
\end{aligned}$$

となります。最後の行は $(x, y) = (r\cos\theta, r\sin\theta)$ として極座標で表しています。この流れ関数はなかなかおもしろい形をしています。というのは、半径 R の円周上では $r = R$ が成り立つので、これを代入すると

$$\psi = 0 \tag{6-5}$$

となります。つまり、円周上では流れ関数の値は一定（= 0）です。ということは、図6-1の円周はそのまま流線を表しているということになります。また、x軸上の座標 $(x, 0)$

では$y=0$なので(6-4)式の流れ関数はゼロになります。つまり、x軸上の座標$(x,0)$は、円周と同じく流線の一部になることになります（$x≤-R$または$R≤x$の領域で）。これは、図6-1で見ると、x軸上を座標$(-\infty,0)$から流れてきた流体は座標$(-R,0)$のよどみ点で上下にわかれ、その上下の流れが円周に沿って右に流れ、円周上の座標$(R,0)$で合流し、さらにx軸上を座標$(\infty,0)$に向かって流れることを意味します。

流線では、流れ関数の大きさが一定なので、その定数をCとおくと、(6-4)式は、

$$Uy - \frac{UR^2 y}{x^2+y^2} = C$$

となります。Cを$-1.5UR$, $-1UR$, $-0.5UR$, 0, $0.5UR$, $1UR$, $1.5UR$と変えたときの流線を上式を満たすように数値計算で求めると、図6-1のようになります。$C=0$の場合は、すでに(6-5)式で見たように、図の真ん中の半径Rの円周が流線になります。Cの絶対値が大きくなるにつれて、流線は円から離れていきます。この図6-1のように、「一様な流れ」と「二重湧き出し」を組み合わせると、一様な流れの中に円（柱）を置いた場合の流れを表せます。

図6-1をよく見ると、隣の流線との間隔がx座標によって異なることに気づきます。たとえば、$x=-2R$や$x=2R$では、流線の縦の間隔は相対的に開いていて、y軸上では流線の間隔が最も狭まっています。流線の間隔が狭まっているということは、実効的に流路の幅が狭まっていることに

なるので、第1章での議論（たとえば図1-6）から、y軸上での流速が最も大きくなり、かつ圧力が最も下がることが図を見ただけでわかります。

■円のまわりの複素速度ポテンシャル——一様な流れ＋循環の場合

次に、一様な流れの中に半径Rの円を置き、さらにその周りに循環がある場合を考えましょう。ここでは循環は時計回りの場合を考えることにします。この

「一様な流れ　＋　循環（時計回り）」のなかの円

という奇妙な（？）場合をどうして考えるのかというと、この後を読んでいただくとわかるように、この場合に「揚力」が生じるからです。この「円に働く揚力」が、「飛行機の翼に働く揚力」の計算のための重要な基礎になります。もちろん、読者の皆さんは、円と翼とは似ても似つかない形ではないか？　とお考えのことでしょう。また、円を一様な流れの中に入れただけで循環が生じるのか？　という疑問も感じていることでしょう。形状の違いについては、どう関係づけられるのかはこの後で見ていきます。円を一様な流れの中に静止させただけで循環が生じるのかという疑問については、すでに前節で見たように図6-1のような流れになるので「循環は生じない」というのが答えです。本節では、

循環が生じる理由は考えずに、円のまわりに一様な流れと循環が、なぜかすでに存在している場合

を考えることにします。なお、一様な流れの中に円を静止させるだけでは循環は生じないのですが、一様な流れの中に上面と下面の湾曲が非対称の翼を入れると、翼のまわりに循環が生じます。循環とは、この後で見るように、上下のどちらかの面の流速が他方より速くなることを表す数学的な手段です。前節の最後でも見たように、円のような湾曲部が流路の近くにあると、流路は曲がるとともに実効的に狭められ、流速が速くなります。上面と下面の湾曲が非対称の場合には、どちらかの流速の方が速くなりますが、この速さの差は数学的には「循環」を使って表現できます。一様な流れの中に上下が非対称形の翼を入れると循環が生じますが、円では生じない、これが両者の違いです。

　さて、この流れを表す数式にとりかかりましょう。「一様な流れ ＋ 循環（時計回り）」のなかの円の複素速度ポテンシャルは、(5-22)式と(6-3)式の和で

$$w = Uz + \frac{UR^2}{z} + i\frac{\Gamma}{2\pi} \log z \tag{6-6}$$

です。

　この複素速度ポテンシャルを使って円周上 $(x^2+y^2=R^2)$ の座標 (x,y) での流速を求めてみましょう。ここで、円周上の座標は極座標を使って $(x,y)=(R\cos\theta, R\sin\theta)$

第6章 円のまわりの複素速度ポテンシャル

と表すことにします。速度を求めるために、ここでも(5-6)式を使いましょう。すると、

$$\frac{dw}{dz} = U - \frac{UR^2}{z^2} + i\frac{\Gamma}{2\pi z}$$
$$= U - \frac{UR^2}{(x+iy)^2} + i\frac{\Gamma}{2\pi(x+iy)}$$

となります。分母から虚数を除くために第2項の分子と分母に $(x-iy)^2$ をかけ、第3項の分子と分母に $x-iy$ をかけます。

$$= U - \frac{UR^2(x-iy)^2}{(x^2+y^2)^2} + i\frac{\Gamma(x-iy)}{2\pi(x^2+y^2)}$$
$$= U - \frac{UR^2(x-iy)^2}{R^4} + i\frac{\Gamma(x-iy)}{2\pi R^2}$$
$$= U - \frac{U(x^2-i2xy-y^2)}{R^2} + i\frac{\Gamma(x-iy)}{2\pi R^2}$$

実部と虚部に分けると、

$$= U - \frac{U(x^2-y^2)}{R^2} + \frac{\Gamma y}{2\pi R^2} + i\frac{2Uxy}{R^2} + i\frac{\Gamma x}{2\pi R^2}$$

となります。よって、(5-6)式の関係から v_x と v_y が次のように得られます。

$$v_x = U - \frac{U\left(x^2-y^2\right)}{R^2} + \frac{\Gamma y}{2\pi R^2}$$

$$= \frac{UR^2 - U\left(x^2-y^2\right)}{R^2} + \frac{\Gamma y}{2\pi R^2} \qquad (R^2 = x^2 + y^2 \text{ を使うと})$$

$$= \frac{2Uy^2}{R^2} + \frac{\Gamma y}{2\pi R^2}$$

$$= 2U\sin^2\theta + \frac{\Gamma}{2\pi R}\sin\theta$$

$$= \left(2U\sin\theta + \frac{\Gamma}{2\pi R}\right)\sin\theta \qquad (6\text{-}7)$$

$$v_y = -\frac{2Uxy}{R^2} - \frac{\Gamma x}{2\pi R^2}$$

$$= -2U\cos\theta\sin\theta - \frac{\Gamma}{2\pi R}\cos\theta$$

$$= -\left(2U\sin\theta + \frac{\Gamma}{2\pi R}\right)\cos\theta \qquad (6\text{-}8)$$

次にこれらの式を使ってy軸上の座標$(0, R)$と$(0, -R)$での速度を求めてみましょう。座標$(0, R)$では $\theta = \frac{\pi}{2}$ なので

$$v_x = 2U + \frac{\Gamma}{2\pi R}, \qquad (6\text{-}9)$$
$$v_y = 0$$

となり、座標$(0, -R)$では $\theta = \dfrac{3\pi}{2}$ なので

$$v_x = 2U - \frac{\Gamma}{2\pi R}, \tag{6-10}$$

$$v_y = 0 \tag{6-11}$$

となります。両座標とも $v_y=0$ なので、速度はx軸に平行であることがわかります。また、(6-9)と(6-10)式の右辺の第2項は(5-20)式でも見たように半径Rの円周上での循環による速度です。この循環によって円の上縁の座標$(0, R)$の方が、下縁の座標$(0, -R)$より速度が $\dfrac{\Gamma}{\pi R}$ だけ速いことがわかります。これは逆に見ると、「循環」を数学的手段として使えば、上縁と下縁の速度の差を表現できるということを示しています。

次に、よどみ点がどこにあるか調べてみましょう。速度の2乗v^2は、(6-7)式と(6-8)式から

$$\begin{aligned}v^2 = v_x^2 + v_y^2 &= \left(2U\sin\theta + \frac{\Gamma}{2\pi R}\right)^2 \sin^2\theta + \left(2U\sin\theta + \frac{\Gamma}{2\pi R}\right)^2 \cos^2\theta \\ &= \left(2U\sin\theta + \frac{\Gamma}{2\pi R}\right)^2 \end{aligned} \tag{6-12}$$

となるので、これがゼロになるところがよどみ点です。よって、

$$2U\sin\theta + \frac{\Gamma}{2\pi R} = 0$$
$$\therefore \sin\theta = -\frac{\Gamma}{4\pi UR} \qquad (6\text{-}13)$$

となります。この式を満たす角 θ の円周上の点がよどみ点になります。ただし、$\sin\theta$ は -1 から $+1$ の範囲の値しかとらないので、右辺の $-\Gamma/4\pi UR$ が -1 より小さい場合や、$+1$ より大きい場合には、円周上によどみ点は存在しません。

よどみ点の一例を見てみましょう。たとえば、円周上の下縁の座標 $(0, -R)$ によどみ点がある場合は、$\theta = \frac{3}{2}\pi$ です。このとき $\sin\theta = -1$ なので、(6-13)式から

$$\Gamma = 4\pi UR \qquad (6\text{-}14)$$

となります。確認のために、この式を(6-10)式に代入すると、v_x はゼロになり(v_y もゼロ)、座標 $(0, -R)$ がよどみ点であることがわかります。

次にこの場合の流線を求めてみましょう。(6-6)式の複素速度ポテンシャルの第3項のみ極形式の $z = re^{i\theta}$ で書くと

$$w = Uz + \frac{UR^2}{z} + i\frac{\Gamma}{2\pi}\log(re^{i\theta})$$

第6章　円のまわりの複素速度ポテンシャル

となります。第1項と第2項は、(6-3)式から(6-4)式を求めるときと同様の計算を行うと

$$= U(x+iy) + \frac{UR^2 x}{x^2+y^2} - i\frac{UR^2 y}{x^2+y^2} + i\frac{\Gamma}{2\pi}\left(\log r + \log e^{i\theta}\right)$$

$$= U(x+iy) + \frac{UR^2 x}{x^2+y^2} - i\frac{UR^2 y}{x^2+y^2} + i\frac{\Gamma}{2\pi}(\log r + i\theta)$$

$$= U(x+iy) + \frac{UR^2 x}{x^2+y^2} - i\frac{UR^2 y}{x^2+y^2} - \frac{\Gamma}{2\pi}\theta + i\frac{\Gamma}{2\pi}\log r$$

となります。流れ関数ψはこの虚部なので

$$\psi = Uy - \frac{UR^2 y}{x^2+y^2} + \frac{\Gamma}{2\pi}\log r$$
$$= \left(r - \frac{R^2}{r}\right)U\sin\theta + \frac{\Gamma}{2\pi}\log r$$

となります。最後の行で極座標に替えています。Γに、(6-14)式を代入すると

$$\psi = \left(r - \frac{R^2}{r}\right)U\sin\theta + \frac{4\pi UR}{2\pi}\log r$$
$$= \left(r - \frac{R^2}{r}\right)U\sin\theta + 2UR\log r$$

となります。流線は、この流れ関数の値が一定の値Cである場合なので

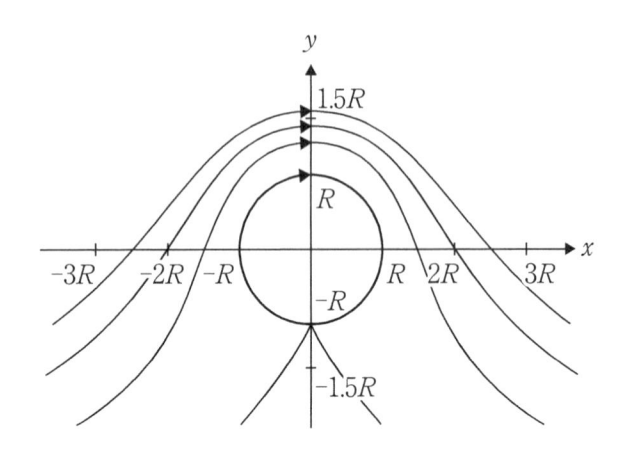

図6-2 「一様な流れ＋循環（時計回り）」のなかの円の周りの流線

$$\psi = \left(r - \frac{R^2}{r}\right)U\sin\theta + 2UR\log r = C$$

となります。

たとえば、半径Rの円周上では、$r = R$ なので、

$$\psi = 2UR\log R$$

となり、UとRは定数であることから円周が流線になっていることがわかります。Cの値を$2UR\log R$、$2UR\log 1.5R$、$2UR\log 2R$、$2UR\log 2.5R$と変えたいくつかの流線を図6-

2に示します。

この図は、左から右に流れる一様な流れに、時計回りの循環が重なった場合の流れを表しています。円の上側では、左から右への一様な流れの方向と、時計回りの循環が重なるので、右向きの流速が速くなっています。一方、円の下側では、左から右への一様な流れの方向と時計回りの循環の方向は逆なので、速度を足しあわせると右向きの流れが遅くなることがわかります。円の下縁の座標$(0, -R)$では、一様な右向きの流れと、時計回りの循環が相殺して、よどみ点になっています。

なお、この一様な流れがx軸に平行ではなく、斜めである場合の複素速度ポテンシャルは、(5-10)式と(5-18)式、それに(5-22)式の和で

$$w = Ue^{-i\alpha}z + \frac{UR^2}{e^{-i\alpha}z} + i\frac{\Gamma}{2\pi}\log z$$
$$= U\left(e^{-i\alpha}z + \frac{R^2 e^{i\alpha}}{z}\right) + i\frac{\Gamma}{2\pi}\log z \quad (6\text{-}15)$$

となります。

■円（柱）に働く揚力と抗力を求めよう

本章の最後で、円に働く揚力（浮き上がらせる力）と抗力（抵抗）を求めてみましょう。この計算には、円周上での速度を表す(6-12)式を使います。

まず、揚力は、円周のy方向に働く圧力の総計です。ま

た、抗力（抵抗）は、円周のx方向に働く圧力の総計です。したがって、この両者を求めるには円周上での圧力を求める必要があります。速度と圧力をつなぐ関係式は、ベルヌーイの定理を表す(3-3)式です。ベルヌーイの定理は流線上で成り立つ関係ですが、図6-2の例のように円周は流線です。そこで、この円周上でベルヌーイの定理を使います。

(3-3)式のベルヌーイの定理は、円周上の圧力と速度をpとvとし、高さの差を無視することにすると、

$$\frac{1}{2}\rho v^2 + p = 一定$$

と書けます。流線上のよどみ点の圧力をp_0と置くことにすると、よどみ点では速度はゼロなので、

$$p_0 = \frac{1}{2}\rho v^2 + p$$

となります。左辺がよどみ点で右辺は円周上の任意の点です。これから、円周上の圧力pを求めると

$$p = p_0 - \frac{\rho}{2}v^2 \tag{6-16}$$

となります。v^2に(6-12)式を代入すると

$$= p_0 - \frac{\rho}{2}\left(2U\sin\theta + \frac{\Gamma}{2\pi R}\right)^2 \tag{6-17}$$

第6章　円のまわりの複素速度ポテンシャル

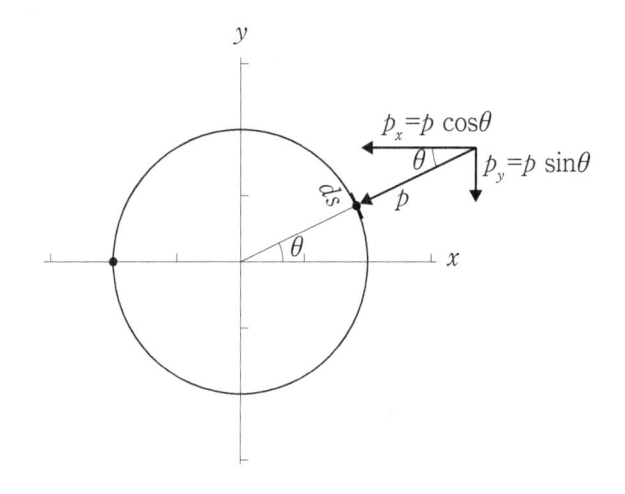

図6-3　円(柱)に働く揚力と抗力

が得られます。

　圧力は物体の表面に垂直に働くので、円に働く(6-17)式の圧力は円の中心に向かって働きます（図6-3）。この圧力から揚力を求めてみましょう。円周上の単位長さ当たりの圧力がpの場合に円周上の線素dsに働く力は、pdsです。この力のy方向の成分は、$pds \sin\theta$です。流体が円周に加える下向き（$-y$方向）の圧力の総和をP_yと書くことにすると、これは $pds \sin\theta$ を円周上で1周分積分したものです。円周上の線素は半径Rを使って $ds = Rd\theta$ と表せるので、この力は、$pds \sin\theta = pR \sin\theta \, d\theta$ を $\theta = 0$ から2πまで積分すると求められます（この場合は、$\sin\theta$は下向きの圧力が働く $\theta = 0$ からπまで正で、圧力が上向きの$\theta = \pi$

147

から2πまで負なので、下向きの力を正にとっています)。よって、P_yの計算は圧力pに(6-17)式を代入して

$$P_y = \int_0^{2\pi} pR\sin\theta\, d\theta$$
$$= \int_0^{2\pi} \left\{ p_0 - \frac{\rho}{2}\left(2U\sin\theta + \frac{\Gamma}{2\pi R}\right)^2 \right\} R\sin\theta\, d\theta$$
$$= \int_0^{2\pi} \left\{ p_0 - \frac{\rho}{2}\left(4U^2\sin^2\theta + \frac{2U\Gamma}{\pi R}\sin\theta + \frac{\Gamma^2}{4\pi^2 R^2}\right) \right\} R\sin\theta\, d\theta$$
$$= \int_0^{2\pi} \left\{ -2U^2\rho\sin^3\theta - \frac{\rho U\Gamma}{\pi R}\sin^2\theta + \left(p_0 - \frac{\rho\Gamma^2}{8\pi^2 R^2}\right)\sin\theta \right\} R\, d\theta$$

となります。

さてここで、$\sin\theta$が3乗、2乗、1乗の項がこのように積分の中に現れます。このうち$\theta=0$から2πまで積分してゼロにならないで残るのは、$\sin\theta$が2乗の項のみです(付録参照)。よって、

$$P_y = -\int_0^{2\pi} \frac{\rho U\Gamma}{\pi}\sin^2\theta\, d\theta$$

となります。積分するためには、$\cos\theta$の倍角公式(付録参照)

$$\cos 2\theta = 1 - 2\sin^2\theta$$
$$\therefore \sin^2\theta = \frac{1}{2} - \frac{1}{2}\cos 2\theta$$

を使います。よって

$$P_y = -\int_0^{2\pi} \frac{\rho U\Gamma}{2\pi}(1-\cos 2\theta)\,d\theta$$
$$= -\int_0^{2\pi} \frac{\rho U\Gamma}{2\pi}\,d\theta + \int_0^{2\pi} \frac{\rho U\Gamma}{2\pi}\cos 2\theta\,d\theta$$
$$= -\rho U\Gamma \quad (\textstyle\int_0^{2\pi}\cos 2\theta\,d\theta = 0\ \text{なので}) \qquad (6\text{-}18)$$

となります。ここで圧力は下向きの力を正にとったので、UとΓが正の場合にはこの力はマイナスになり（つまり上向きの力となり）揚力として働くことがわかります。揚力の大きさは$\rho U\Gamma$という簡単な形になりましたが、この

$$\text{揚力} = \rho U\Gamma \qquad (6\text{-}19)$$

の関係を**クッタ・ジューコフスキーの定理**と呼びます。このクッタ・ジューコフスキーの定理は実は次章で見るように円（柱）以外の形状でも成り立ちます。(6-19)式でおもしろいのは、循環を表す量Γと一様な流れを表す量Uのいずれかがゼロになると、揚力もゼロになることです。つまり、揚力を生み出すためには、一様な流れと循環の双方が必要です。また、流体の密度ρにも依存していることにも注意しておきましょう。たとえば、空気の密度は地表に近いほど高くなり、高空ほど低くなりますが、高度1000メートルを飛ぶ場合と、高度10000メートルを飛ぶ場合では、$U\Gamma$の値が同じであれば、高度10000メートルの方が揚力は小さくなります。

なお、円のまわりに循環が生じる実際の具体例は、水中

や空気中で球や円柱を回転させた場合です。たとえば、球を右回りに高速で回転させると、水や空気には粘性があるので右回りの循環が生じます。野球やサッカー、それにテニスなどのボールに回転を与えると、ボールの軌道は曲がり変化球になりますが、これは循環によって揚力が発生した結果です。この回転によって揚力が生じる現象を**マグナス効果**と呼びます。この変化球についての考察は、ボールの回転によって空気中に循環が生じることには粘性を考慮し、その後の揚力の計算では粘性がないと考えるので、全体的には統一されていない不完全なモデルです。

次にこの円に働く抗力を計算してみましょう。抗力はx方向に働く圧力の総計です。ここではP_xと書くことにしましょう。さきほどの揚力の計算と同様で、今度は圧力を表す(6-17)式に$R\cos\theta$をかけて$\theta=0$から2πまで積分すると求められます。

$$
\begin{aligned}
P_x &= \int_0^{2\pi} pR\cos\theta d\theta \\
&= \int_0^{2\pi} \left\{ p_0 - \frac{\rho}{2}\left(2U\sin\theta + \frac{\Gamma}{2\pi R}\right)^2 \right\} R\cos\theta d\theta \\
&= \int_0^{2\pi} \left\{ -2U^2\rho\sin^2\theta\cos\theta - \frac{\rho U\Gamma}{\pi R}\sin\theta\cos\theta \right. \\
&\qquad\qquad \left. + \left(p_0 - \frac{\rho\Gamma^2}{8\pi^2 R^2}\right)\cos\theta \right\} R d\theta
\end{aligned}
$$

この積分は、各項の以下の積分がゼロになるので

$$\int_0^{2\pi} \sin^2\theta \cos\theta d\theta = 0$$
$$\int_0^{2\pi} \sin\theta \cos\theta d\theta = 0$$
$$\int_0^{2\pi} \cos\theta d\theta = 0$$

(0から2πの範囲でのサインとコサインの正負を考えると相殺してゼロになることがわかります)、結局

$$P_x = 0$$

となります。つまり、**抗力はゼロ**になります。

　この「抗力がゼロになる」という結果には、読者の皆さんもかなり驚いたことでしょう。たとえば、水の中で円柱状のもの（たとえば自分の腕など）を動かすと確実に抵抗を感じます。とすると、この計算結果は日常体験と明らかに違っていることになります。この結果を導いたのはフランスのダランベール（1717〜1783）で、1752年に「背理（パラドクス）である」と発表しました。背理とは常識に反する 理(ことわり) を意味します。よってこれを**ダランベールの背理**と呼びます。これは粘性のない完全流体の計算で現れる結果であり、私たちが日常よく接する空気や水のような粘性のある流体の性質とは異なります。もっとも「背理」と呼ばれてはいますが、水より粘性の低い空気の方が抗力が小さいということは容易に体験できるので、どんどん粘性を小さくしていけばやがて抗力がゼロになるのではないか

ダランベール

と類推はできます。

　ダランベールの背理は、ベルヌーイとオイラーの力によって誕生した流体力学にとっては難問でした。粘性の効果を数式化するには約1世紀後に登場するナビエ・ストークス方程式まで待たなくてはなりませんでした。また、ナビエ・ストークス方程式を様々な形状の物体に対して解くためには、さらに1世紀後のコンピューターの登場を待つ必要がありました。

　ダランベールは物理学では、解析力学の「ダランベールの原理」でも有名です。また、他の分野では、フランスの多数の知識人とともに『百科全書』を共同で執筆したことで有名です。なお、当時一般には知られていなかったようですが、ダランベールの背理は、1745年にオイラーがすでに導いていました。

第 7 章

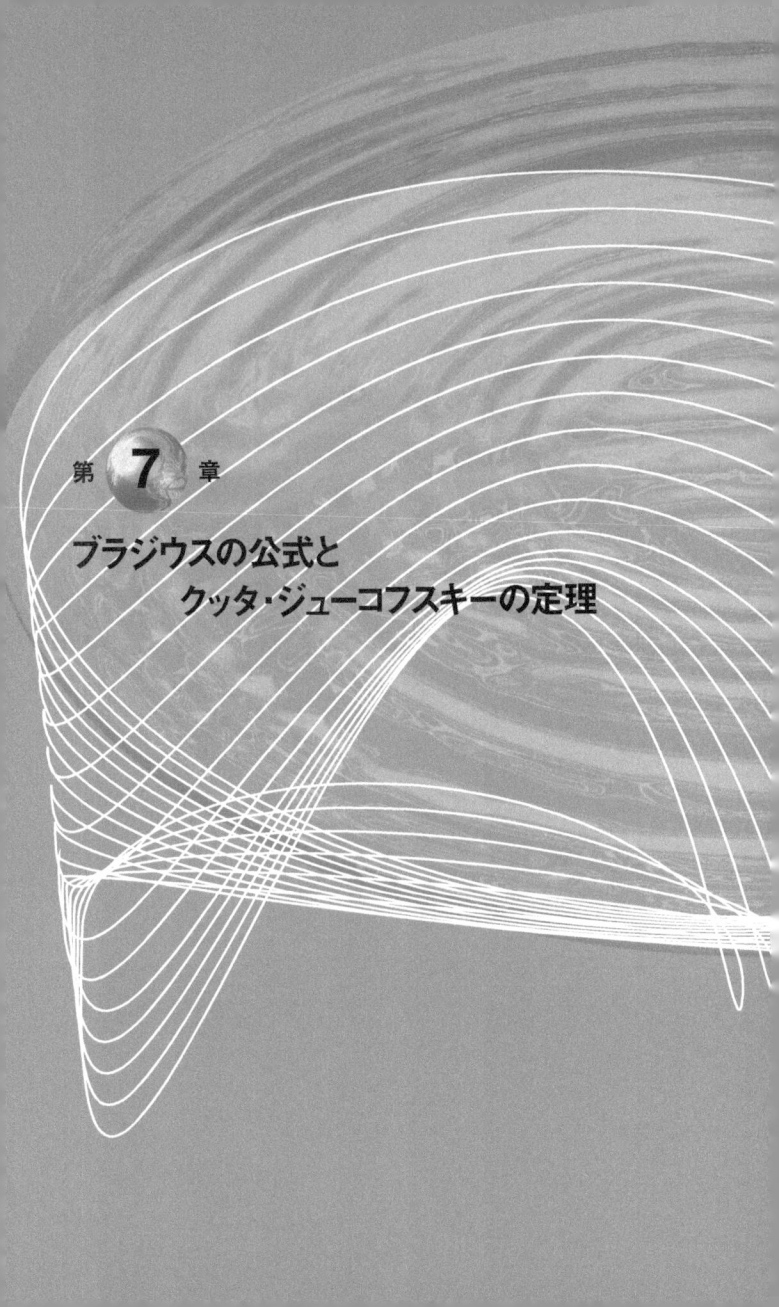

ブラジウスの公式とクッタ・ジューコフスキーの定理

■2次元流れの中の物体に働く力の一般化──ブラジウスの公式

前章では、2次元の「循環のある一様な流れ」の中にある円に働く力を求めて、クッタ・ジューコフスキーの定理にたどり着きました。この計算をもっと一般的な場合に拡張できます。前章で使った以下の条件を本章で次のように拡張します。

流れ　　　　循環のある一様な流れ　→　複素速度ポテンシャルが求まっている定常的な流れ

物体の形　　円（柱）　→　任意の形

流体から物体に働く力は前章の円柱の場合に見たように物体の表面での圧力pを、物体の外周（表面）をなす閉曲線Cに沿って積分したものになります。この力をベクトル$\vec{P}$とすると、これを表す数式は

$$\vec{P} = -\oint p\vec{n}\,ds \qquad (7\text{-}1)$$

です。ここでdsは外周の線素で、$\vec{n}=(\cos\delta, \sin\delta)$ は線素に垂直な外向きの単位ベクトル（線素の法線ベクトル）を表します。図7-1のようにδは、この法線ベクトルがx軸となす角です。積分記号に○がついていますが、これは外周の閉曲線に沿った周回積分（反時計回り）です。右辺にマ

第7章 ブラジウスの公式とクッタ・ジューコフスキーの定理

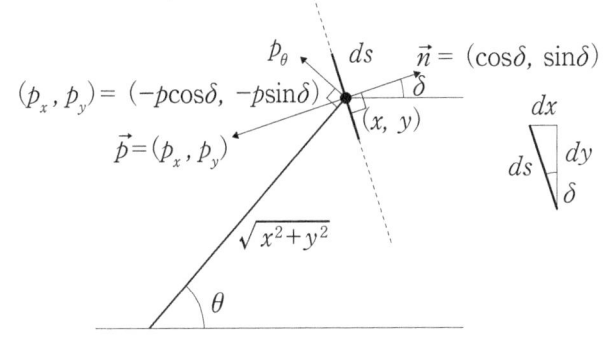

図7-1 線素と圧力の関係

イナスがついているのは、物体に働く圧力は$\vec{n}$の反対方向に働くからです（つまり内向きの力です）。

線素dsのx成分をdxとし、y成分をdyとすると、図7-1の右図からわかるように

$$dx = -\sin\delta\, ds \tag{7-2}$$
$$dy = \cos\delta\, ds \tag{7-3}$$

の関係があります。

(7-1)式の$\vec{P}$をx成分P_xとy成分P_yに分けて書くと

$$\vec{P} = -\oint p\vec{n}\, ds$$

$$= (P_x, P_y)$$
$$= \left(\oint p_x \, ds, \ \oint p_y \, ds \right)$$

となります。p_xとp_yは圧力の大きさpのx成分とy成分です。このp_xとp_yは図7-1の左図からわかるように

$$(p_x, p_y) = (-p \cos \delta, \ -p \sin \delta) \tag{7-4}$$

の関係があるので、これらを代入し(7-2)式と(7-3)式を使うと

$$\vec{P} = \left(-\oint p \cos \delta \, ds, \ -\oint p \sin \delta \, ds \right)$$
$$= \left(-\oint p \, dy, \ \oint p \, dx \right)$$

となります。このP_xとP_yを複素数の実部と虚部に対応させた次の量を考えることにしましょう。

$$P_x - iP_y = -\oint p \, dy - i \oint p \, dx$$
$$= -\oint p \, (dy + i \, dx)$$
$$= -i \oint p \, (dx - i \, dy)$$
$$= -i \oint p \, dz^*$$

ここで実数と虚数の和の$P_x + iP_y$ではなく、差の$P_x - iP_y$で

第7章　ブラジウスの公式とクッタ・ジューコフスキーの定理

表すのは、この節の最後にたどり着く式が簡単になるからです。なお、複素変数 $z = x + iy$ の複素共役を記号 $z^* \equiv x - iy$ で表しています。なので、$dz^* = dx - idy$ です。

前章の円に働く圧力の計算の場合と同様に物体の表面に沿ってベルヌーイの定理の(6-16)式の $p = p_0 - \dfrac{\rho}{2} v^2$ を使います。すると

$$\begin{aligned}
P_x - iP_y &= -i \oint \left(p_0 - \frac{\rho}{2} v^2 \right) dz^* \\
&= -i \oint p_0 \, dz^* + i \oint \frac{\rho}{2} v^2 \, dz^* \\
&= -ip_0 \oint dx - p_0 \oint dy + i \oint \frac{\rho}{2} v^2 \, dz^* \\
&= i \oint \frac{\rho}{2} v^2 \, dz^*
\end{aligned} \qquad (7\text{-}5)$$

となります。下から2行目の第1項と第2項は、外周に沿って周回積分するとx方向とy方向ともにゼロになります。たとえば、図7-2のような形状の物体があったとして図の線素 ds と ds' では、反時計回りに積分の経路をとったとき、それぞれのx成分の dx と $dx' = -dx$ は大きさが同じで、向きは反対なので、足すとゼロになります。よって

$$\oint dx = 0$$

です。第2項も同様にしてゼロになります。よって、第3項だけが残ります。

物体の外周

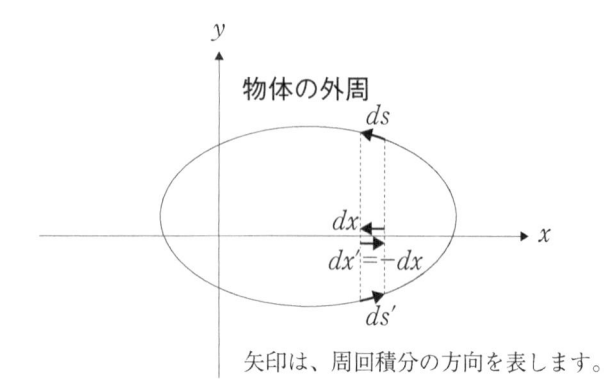

矢印は、周回積分の方向を表します。

図7-2　外周に沿っての周回積分

複素速度ポテンシャルwをzで微分すると

$$\frac{dw}{dz} = v_x - iv_y$$

となる(5-6)式の関係がありました。この(5-6)式の複素共役を$\left(\dfrac{dw}{dz}\right)^*$で表すと

$$\left(\frac{dw}{dz}\right)^* = v_x + iv_y \tag{7-6}$$

です。よって、

$$v^2 = v_x^2 + v_y^2 = (v_x - iv_y)(v_x + iv_y) = \frac{dw}{dz}\left(\frac{dw}{dz}\right)^* \tag{7-7}$$

という関係があります。この式を(7-5)式に代入すると

第7章 ブラジウスの公式とクッタ・ジューコフスキーの定理

$$P_x - iP_y = i \oint \frac{\rho}{2} v^2 dz^* = i \oint \frac{\rho}{2} \frac{dw}{dz} \left(\frac{dw}{dz}\right)^* dz^* \quad (7\text{-}8)$$

が得られます。

ここで、積分の変数が複素共役のz^*の積分になっているのでこれをzの積分に直しましょう。この積分の変数変換では、これから求める(7-9)式の関係を使います。

ここでは流体が物体の外周に沿って流れる場合を考えます。つまり、外周が流線です。流線では、流線の接線と流れの方向が一致するので、(2-1)式が成り立ちます。

$$\frac{dx}{v_x} = \frac{dy}{v_y} \quad (2\text{-}1)$$

よって、この式から

$$v_x dy - v_y dx = 0 \quad (7\text{-}9)$$

という関係が得られます（これは(4-9)式から$d\psi = 0$を意味します：付録参照）。

(7-8)式の積分に現れる$\left(\frac{dw}{dz}\right)^* dz^*$を計算してみると、(7-6)式を使って

$$\left(\frac{dw}{dz}\right)^* dz^* = (v_x + iv_y)(dx - idy)$$

$$= v_x\,dx + v_y\,dy - i\,(v_x\,dy - v_y\,dx)$$

$$= v_x\,dx + v_y\,dy \qquad ((7\text{-}9)式より)$$

となります。また、同様に $\dfrac{dw}{dz}\,dz$ を計算してみると、(5-6)式を使って

$$\frac{dw}{dz}\,dz = (v_x - iv_y)(dx + idy)$$

$$= v_x\,dx + v_y\,dy + i\,(v_x\,dy - v_y\,dx)$$

$$= v_x\,dx + v_y\,dy \qquad ((7\text{-}9)式より)$$

となります。よって、この両者の結果から

$$\overline{\frac{dw}{dz}\,dz} = \left(\frac{dw}{dz}\right)^{*} dz^{*} \qquad (7\text{-}10)$$

が得られます。これを(7-8)式に代入すると

$$P_x - iP_y = i\oint \frac{\rho}{2}\,\frac{dw}{dz}\left(\frac{dw}{dz}\right)^{*} dz^{*}$$

$$= i\,\frac{\rho}{2}\oint \left(\frac{dw}{dz}\right)^{2} dz \qquad (7\text{-}11)$$

となります。この式を**ブラジウスの第1公式**と呼びます。複素速度ポテンシャルwがわかっている場合には、この式

第7章 ブラジウスの公式とクッタ・ジューコフスキーの定理

を使えば、物体のx方向とy方向に働く全圧力P_xとP_yを計算できます。したがって、とても重要な式です。

■ブラジウスの第2公式──モーメントの算出

「第1公式と名がつくからには、第2公式もあるだろう」と読者の皆さんも予想されたことでしょう。第2公式は、モーメントを算出する公式です。モーメントとは、回転の力を表す物理量です。ここでは、座標の原点を中心とし、物体の表面の圧力によって生じるモーメントを算出します。また、反時計まわりの方向を正にとります。図7-3のように、座標(x, y)に位置する線素dsに圧力pがかかったとすると、モーメントは原点からの距離$\sqrt{x^2+y^2}$と、圧力の円周方向の成分p_θ(単位長さ当たりの圧力)による力$p_\theta ds$の掛け算であり、

$$\sqrt{x^2+y^2}\, p_\theta\, ds$$

になります。図7-3の右図からわかるように(角θは3つあります)、このp_θはp_x, p_yおよび角θとは、

$$p_\theta = |p_x \sin\theta| - |p_y \cos\theta|$$
$$= -p_x \sin\theta + p_y \cos\theta$$

の関係があるので(図7-3の位置のdsではp_x, $p_y < 0$)、モーメントは

この点線は物体の外周を表しています。

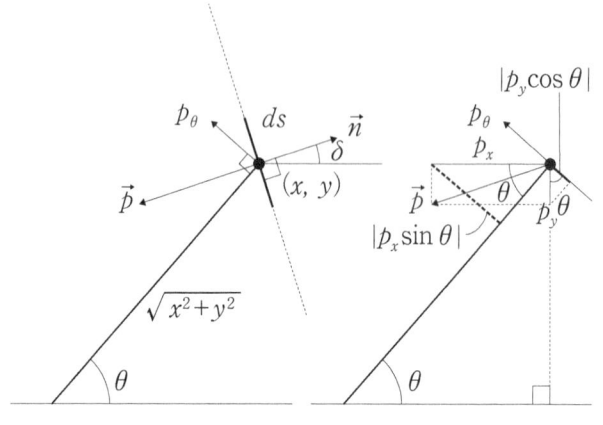

図7-3 線素とモーメントの関係

$$\sqrt{x^2+y^2}\, p_\theta\, ds = (-p_x \sin\theta + p_y \cos\theta)\sqrt{x^2+y^2}\, ds$$
$$= \left(-p_x \sin\theta \sqrt{x^2+y^2} + p_y \cos\theta \sqrt{x^2+y^2}\right) ds$$
$$= (xp_y - yp_x)\, ds$$

となります。途中で

$$x = \sqrt{x^2+y^2}\cos\theta \quad \text{と} \quad y = \sqrt{x^2+y^2}\sin\theta$$

の関係を使っています。

　物体の全体のモーメントMはこれを全周にわたって積分すればよいので

第7章 ブラジウスの公式とクッタ・ジューコフスキーの定理

$$M = \oint (xp_y - yp_x)\, ds$$

となります。(7-4)式の関係を使い、さらに(7-2)式と(7-3)式の関係を使うと、このモーメントは

$$= \oint (-xp\sin\delta + yp\cos\delta)\, ds$$
$$= \oint p(xdx + ydy)$$

となります。

ここで前節と同様にベルヌーイの定理による(6-16)式の $p = p_0 - \dfrac{\rho}{2} v^2$ を使うと

$$M = \oint \left(p_0 - \frac{\rho}{2} v^2\right)(xdx + ydy)$$
$$= p_0 \oint xdx + p_0 \oint ydy - \oint \frac{\rho}{2} v^2 (xdx + ydy)$$

となります。この右辺の第1項と第2項は、外周に沿って周回積分するとx方向とy方向ともにゼロになります。たとえば、図7-2で見たように、あるxdxに対しては、x方向の積分の向きが逆で同じ大きさを持つ $xdx' = -xdx$ が存在します。よって、第3項だけが残ります。

右辺の第3項は次式の関係を使って書き直しましょう。なお、以下で現れる記号 Re は、複素数の実部を取り出す記号で、たとえば $Re(a + ib) = a$ となります。

163

$$Re(zdz^*) = Re\{(x+iy)(dx-idy)\}$$
$$= Re\{xdx + ydy + i(ydx - xdy)\}$$
$$= xdx + ydy$$

よって、

$$M = -\oint \frac{\rho}{2} v^2 (xdx + ydy)$$
$$= -\oint \frac{\rho}{2} v^2 Re(zdz^*)$$
$$= -\frac{\rho}{2} Re \oint v^2 zdz^*$$
$$= -\frac{\rho}{2} Re \oint z \frac{dw}{dz} \left(\frac{dw}{dz}\right)^* dz^*$$
$$= -\frac{\rho}{2} Re \oint z \left(\frac{dw}{dz}\right)^2 dz \tag{7-12}$$

となります。途中の計算では前節と同じく(7-7)式と(7-10)式を使っています。これが**ブラジウスの第2公式**です。

このブラジウスの第1公式と第2公式を比べてみましょう。とてもよく似ていて簡単な式です。どちらも、複素速度ポテンシャルwの微分の2乗が被積分関数に含まれています。どちらか1つを覚えれば、もう1つも簡単に覚えられるでしょう。

本書では、ブラジウスの第1公式と第2公式の周回積分を、物体の外周に沿ってとりましたが、実は積分の経路を外周の外側にも広げることが可能です。証明は割愛しますが、その証明には(7-11)式や(7-12)式の被積分関数が数学的に正則であることを利用します（付録参照）。積分範囲

第7章　ブラジウスの公式とクッタ・ジューコフスキーの定理

内に吸い込みや湧き出しがあるとこれらの被積分関数は正則ではなくなるので、吸い込みや湧き出しがない範囲に限って外周の外側に積分範囲を広げられることになります。

任意の形状の物体が一様な流れの中にあるときの$\frac{dw}{dz}$は、ローラン級数と呼ばれる関数で表せることがわかっています。このローラン級数をブラジウスの第1公式の(7-11)式に代入して、揚力を求めると、

$$揚力 = \rho U\Gamma \tag{7-13}$$

となることを証明できます。この証明も少しレベルが高いので割愛しますが、前章の最後でも述べたように、この関係を**クッタ・ジューコフスキーの定理**と呼びます。前章の後半では、円に対する揚力を求めましたが、その計算の過程で実質上はブラジウスの第1公式と同じ計算を行っています。

■リリエンタール――翼で空を飛んだ人

揚力を求める式が得られたので、次章では翼に働く揚力を計算します。昔から人々は「鳥のように空を飛べたらどんなにすばらしいだろう」という強いあこがれを抱いてきました。このあこがれが、「鳥にできるのであれば、人間にだってできるはずだ」という考えに変わっていきました。翼の研究は、鳥の翼への注目から始まりました。鳥の翼を熱心に研究した代表的な人物がドイツのリリエンター

リリエンタール　　リリエンタールの飛行実験（1895年）
Otto Lilienthal Museum HPより

ル（1848〜1896）です。リリエンタールはコウノトリの飛翔を20年以上にわたって観察し、分析しました。その結果、翼の断面がアーチ型になっていることが、飛翔の重要な鍵であることに気づきました。リリエンタールはこの円弧型の断面を持つ翼を自作のグライダーに採用しました。写真はリリエンタールのグライダーによる飛行実験の様子ですが、翼の上面が膨らんでいます。

　リリエンタールは丘から走り下りる滑空飛行で最長で250メートルを飛びました。不幸にして、1896年の滑空飛行中に墜落し、その怪我がもとで亡くなりましたが、彼の翼の研究は、1903年のライト兄弟（兄ウィルバー：1867〜1912、弟オーヴィル：1871〜1948）による人類初の動力飛行（ライトフライヤー号）に大きな影響を与えました。

　ブラジウスの公式を導いたブラジウス（1883〜1970）

は、本書に登場する科学者の中では、最も新しく、ドイツのハンブルグ工科学校で長く教授を務めました。本章で見た

ブラジウスの第１公式
ブラジウスの第２公式

は1910年に発表されましたが、流体力学で最も重要な式のうちの１組です。読者の皆さんは、それを理解したことになります。次章ではいよいよ２次元翼の揚力を計算してみましょう。

2次元翼理論
―― ジューコフスキー変換

第 **8** 章

■翼のまわりの複素速度ポテンシャルを求める方法

前章でブラジウスの公式を理解しました。翼のまわりでの複素速度ポテンシャルが求められれば、ブラジウスの公式を使って揚力とモーメントが求められます。したがって、揚力やモーメントを求めるには、「翼のまわりの複素速度ポテンシャルを求めること」が重要です。

2次元翼理論では、翼のまわりの複素速度ポテンシャルを求めるのにかなりユニークな方法を用います。というのは、翼のまわりの複素速度ポテンシャルを直に求めるのではなく、最初に円のまわりの複素速度ポテンシャルを求めるからです。そして次に、円を「ある写像」を使って翼の形に変換します。「写像」とは、関数を別の形の関数に変換することです。この写像によって円のまわりの複素速度ポテンシャルを変換すれば、翼のまわりの複素速度ポテンシャルが求められるのです。まとめると、

(1) 円のまわりの複素速度ポテンシャルを最初に求めます。
(2) 次に、円を「ある形状の翼」に写像します。
(3) 続いて同じ写像で、(1)の複素速度ポテンシャルを変換します。
(4) すると、写像後の複素速度ポテンシャルは、翼のまわりの複素速度ポテンシャルを表します。

という手順になります。

このうちの(1)については、すでに第6章で求めまし

第8章 2次元翼理論——ジューコフスキー変換

た。「斜めの一様な流れ+循環」の中に円をおいた場合の複素速度ポテンシャルは(6-15)式で表されます。ということで、本章では上記の(2)(3)(4)がテーマです。

■ジューコフスキー変換

円を翼の形へ変換する写像として基礎的で最も重要なのは**ジューコフスキー変換**です。ジューコフスキー変換は関数としては簡単で

$$Z = z + \frac{a^2}{z} \qquad (8\text{-}1)$$

という形をしています。本書では写像前の変数を右辺のように小文字で書き、写像後の変数を左辺のように大文字で書くことにします。写像前の座標 (x, y) と写像後の座標 (X, Y) の関係をまず計算してみましょう。それぞれの変数と複素変数 z, Z との関係は、

$$写像前 \quad z = x + iy$$
$$写像後 \quad Z = X + iY$$

です。これらをジューコフスキー変換の(8-1)式の両辺に代入すると

$$X + iY = x + iy + \frac{a^2}{x + iy}$$

となります。さらに、右辺の第3項の分母を実数化するた

171

めに、分母と分子に $x-iy$ をかけると、

$$= x + iy + \frac{a^2(x-iy)}{x^2+y^2}$$

となります。この右辺を実数と虚数に分けると

$$= x + \frac{a^2 x}{x^2+y^2} + i\left(y - \frac{a^2 y}{x^2+y^2}\right)$$

となります。左辺と右辺のそれぞれの実部と虚部が等しいことから

$$X = x + \frac{a^2 x}{x^2+y^2} \qquad (8\text{-}2)$$

$$Y = y - \frac{a^2 y}{x^2+y^2} \qquad (8\text{-}3)$$

が得られます。これが、写像前の座標 (x, y) と写像後の座標 (X, Y) をつなぐ式です。

■ジューコフスキー変換で円はどのような形に変換されるか

このジューコフスキー変換によって、円がどのような形に変換されるのか見てみましょう。この変換後の形が「翼の形」に対応しますが、ジューコフスキー変換では、以下の5種類の翼の形に変換できます(図8-1)。

第8章　2次元翼理論──ジューコフスキー変換

平板翼

楕円翼

円弧翼

一般ジューコフスキー翼

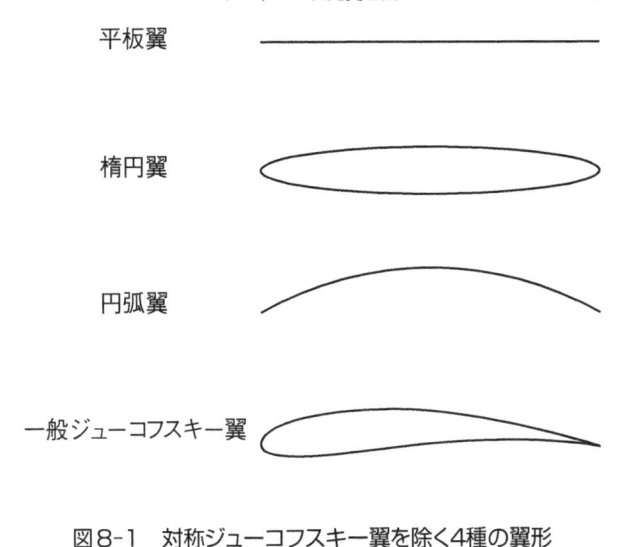

図8-1　対称ジューコフスキー翼を除く4種の翼形

平板翼：これは厚さゼロの平板です。
楕円翼：断面が楕円の形をしています。
円弧翼：言葉の通りに円弧で、上面と下面は同一で厚さはゼロです。
対称ジューコフスキー翼：上面と下面は対称形です。
一般ジューコフスキー翼：上面と下面は非対称で、この5種の中では、最も現実の翼の形に似ています。

　本書ではこの5種類の翼の中から、平板翼と一般ジューコフスキー翼の場合を見てみましょう。
　変換前の円を表す式を、円の中心座標を (x_0, y_0) として

$$(x-x_0)^2 + (y-y_0)^2 = R^2$$

で表します。ここでRは半径です。ジューコフスキー変換を表す(8-1)式には、1つだけ定数aがありますが、

円の半径Rが、aに等しいか、aより大きいか、など

と

円の中心が座標の原点にあるか、それ以外か、など

によって、この5種類の翼に変換されます。たとえば、円の中心が原点にあり、半径Rがaに等しい場合は平板翼になり、半径Rがaより大きい場合は楕円翼になります。

■平板翼への変換

最も簡単な平板翼の場合を見てみましょう。座標の原点に中心があり、半径Rが(8-1)式の変数aに等しい円をジューコフスキー変換すると($a=R$)、平板翼になります。

円周上の座標x, yは、図8-2の左図のように角θを使って

$$x = R \cos \theta \qquad (8\text{-}4)$$
$$y = R \sin \theta \qquad (8\text{-}5)$$

第8章　2次元翼理論——ジューコフスキー変換

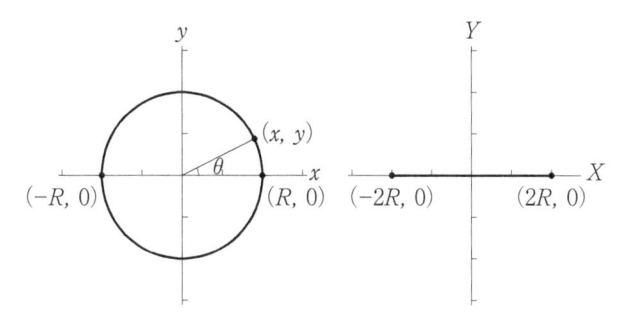

図8-2　ジューコフスキー変換の前の円(左図)と変換後の平板翼(右図)

と表します。これらを、(8-2)式に代入すると、

$$X = x + \frac{R^2 x}{x^2 + y^2}$$
$$= R\cos\theta + \frac{R^3 \cos\theta}{R^2 \cos^2\theta + R^2 \sin^2\theta}$$

となり、ここで、$\cos^2\theta + \sin^2\theta = 1$ の関係を使うと

$$= 2R\cos\theta$$

となります。

同様に(8-3)式に(8-4)式と(8-5)式を代入すると

$$Y = y - \frac{R^2 y}{x^2 + y^2}$$

$$= R\sin\theta - \frac{R^3\sin\theta}{R^2\cos^2\theta + R^2\sin^2\theta}$$
$$= 0$$

となります。よって、

$$(X, Y) = (2R\cos\theta,\ 0)$$

が得られます。これは常に $Y=0$ であり、また、Xはθの値によって$2R$から$-2R$までの値をとることがわかります。したがって、半径Rの円は、長さ$4R$の平板翼に写像されることがわかります（図8-2の右図）。たとえば、変換前の座標$(R, 0)$の点は、ジューコフスキー変換によって、座標$(2R, 0)$に写像されます。

■一般ジューコフスキー翼への写像

次に、一般ジューコフスキー翼への写像を見てみましょう。ジューコフスキー翼というのは図8-3の右図のような形をしています。この図では縦方向の特徴を分かりやすくするために、わざと分厚い翼を描いています。ジューコフスキー翼に変換される円は、かなり特殊で、この円を表す式を求めるには、2段階の手順を踏む必要があります。図8-3の左図のように、まず、y軸上の点$(0, y_0)$を中心とし、x軸上の2つの点$(a, 0)$と$(-a, 0)$を通る円を書きます。これがまず第1段階です。図8-3の左図には点線の円として表していますが、この円を内接円と呼ぶことにし

第8章　2次元翼理論——ジューコフスキー変換

ます。

　次に、点 $(a, 0)$ でこの円に外接する円（最初の円より半径は大きい）を書きます。これが第2段階です。この外接円の中心の座標 (x_1, y_1) は、「外接する」という条件から、点 $(a, 0)$ と $(0, y_0)$ をつなぐ直線（図8-3の左図の点線の直線）の上の第2象限にあります。この直線は、図8-3から、傾きが $-\dfrac{y_0}{a}$ であり、切片のy座標がy_0であることがわかるので、この直線上にある座標 (x_1, y_1) には

$$y_1 = -\frac{y_0}{a}x_1 + y_0$$

の関係があります。この外接円の半径Rは図8-3から

$$R = \sqrt{(a-x_1)^2 + y_1^2}$$

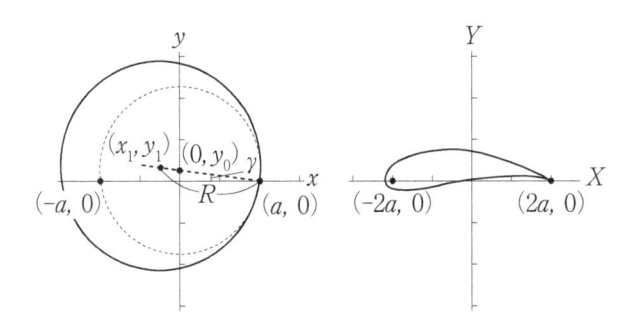

図8-3　内接円と外接円（左図）とジューコフスキー翼（右図）

なので、外接円を表す式は

$$(x-x_1)^2 + (y-y_1)^2 = (x_1-a)^2 + y_1^2$$

となります。この式が表す外接円のxy座標を、ジューコフスキー変換を表す(8-2)式と(8-3)式を使ってXY座標に写像すると、一般ジューコフスキー翼になります（図8-3の右図）。

■**ジューコフスキー変換と複素速度ポテンシャル**

このジューコフスキー変換と複素速度ポテンシャルの関係を見てみましょう。実はそこにはとても面白い関係があります。複素速度ポテンシャルは(4-3)式の $w = \phi + i\psi$ で定義されていました。写像前の複素速度ポテンシャルは座標(x, y)の関数なので、これは

$$w(x, y) = \phi(x, y) + i\psi(x, y) \tag{8-6}$$

と書けます。

座標(x, y)と(X, Y)は、ジューコフスキー変換による(8-2)式と(8-3)式の関係で結ばれていて、右辺にxとyの値を入れると、左辺のXとYの値が得られます。この(8-2)式と(8-3)式の逆の関係も求めることができて、右辺にXとYの値を入れると、左辺にxとyの値が得られる逆関数が存在します。本書では、その関数を

$$x = f(X, Y) \tag{8-7}$$
$$y = q(X, Y) \tag{8-8}$$

と書くことにします。

この(8-7)式と(8-8)式を(8-6)式に代入すると

$$\begin{aligned}w(x, y) &= \phi(x, y) + i\psi(x, y) \\ &= \phi(f(X, Y), \ q(X, Y)) + i\psi(f(X, Y), \ q(X, Y))\end{aligned} \tag{8-9}$$

となります。関数 ϕ と ψ を次式のように、変数 X, Y の関数として $\Phi(X, Y)$ と $\Psi(X, Y)$ と書くことにすると、

$$\Phi(X, Y) \equiv \phi(f(X, Y), \ q(X, Y)) = \phi(x, y) \tag{8-10}$$
$$\Psi(X, Y) \equiv \psi(f(X, Y), \ q(X, Y)) = \psi(x, y) \tag{8-11}$$

の関係が成り立ちます。この関係を使うと、(8-9)式の複素速度ポテンシャルは

$$\begin{aligned}w(x, y) &= \phi(x, y) + i\psi(x, y) \\ &= \Phi(X, Y) + i\Psi(X, Y) \equiv W(X, Y)\end{aligned} \tag{8-12}$$

と表されます。最も右に定義した関数 $W(X, Y)$ は、関数 $w(x, y)$ を変数 X, Y の関数として表したもので、この式で表されているように座標 (x, y) での $w(x, y)$ の値と座標

(X, Y) での $W(X, Y)$ の値は同じです。

　複素速度ポテンシャル $w(x, y)$ を、ジューコフスキー変換後の座標 (X, Y) の関数として表した $W(X, Y)$ は、実は変換後の複素平面での複素速度ポテンシャルを表します。たとえば、変換前の円の円周上では、流れ関数 $\psi(x, y)$ の値が一定なので、これが流線を表すということを図6-2の例で見ました。円周上の座標 (x, y) をジューコフスキー変換して求めた座標 (X, Y) は図8-3のように翼の外周上の座標になります。このとき、写像前の円周上での流れ関数が一定の値をとるのであれば、(8-11)式の関係から翼の外周上の座標でも流れ関数 $\Psi(X, Y)$ は一定の値をとることになります。つまり、円の円周上の流線は、ジューコフスキー変換によって、翼の外周上の流線に変換されていることになります。「円周と翼の外周」以外のもっと一般的な場合でも、同様にxy平面上の「$\psi(x, y) = $一定」の関係を満たす流線は、$XY$平面上の「$\Psi(X, Y) = $一定」の関係を満たす流線に写像されます。

　速度ポテンシャルが一定である点をつないだ線を**等ポテンシャル線**と呼びます。等ポテンシャル線上の座標 (x, y) をジューコフスキー変換した座標 (X, Y) では、(8-10)式の関係から速度ポテンシャル $\Phi(X, Y)$ が一定の値をとるので、これも等ポテンシャル線になることがわかります。

　このようにxy平面上の流線はXY平面上の流線に写像され、xy平面上の等ポテンシャル線はXY平面上の等ポテンシャル線に写像されるので、$w(x, y)$ を写像した $W(X, Y)$

第8章 2次元翼理論——ジューコフスキー変換

はジューコフスキー変換後の複素平面での複素速度ポテンシャルを表すことがわかります。

■ジューコフスキー変換後の共役複素速度

複素速度ポテンシャルをジューコフスキー変換すると、変換後も（元のよどみ点を除いて）正則になります。したがって、変換後の複素速度ポテンシャルにもコーシー・リーマンの関係式である(5-4)式と(5-5)式の関係が成り立ちます。また、$\Phi(X,Y)$と$\Psi(X,Y)$に第4章と同じ考察をすると、(4-1)式と(4-2)式に相当する関係が導かれるので、5章の(5-6)式の導出と同様にして

$$V_X - iV_Y = \frac{dW(Z)}{dZ} \tag{8-13}$$

の関係も得られます。

(8-12)式の関係は複素変数$z = x + iy$と$Z = X + iY$を使うと

$$w(z) = W(Z)$$

と表されます。この関係を(8-13)式の右辺に使い、微分変数を変換すると、

$$\begin{aligned}\frac{dW(Z)}{dZ} &= \frac{dw(z)}{dZ} \\ &= \frac{dz}{dZ}\frac{dw(z)}{dz}\end{aligned}$$

$$= \frac{\dfrac{dw(z)}{dz}}{\dfrac{dZ}{dz}} \qquad (8\text{-}14)$$

が得られます。この式と(5-6)式を使うと(8-13)式は

$$V_X - iV_Y = \frac{dW(Z)}{dZ} = \frac{\dfrac{dw(z)}{dz}}{\dfrac{dZ}{dz}} = \frac{v_x - iv_y}{\dfrac{dZ}{dz}} \qquad (8\text{-}15)$$

となります。したがって、変換前の共役複素速度 $v_x - iv_y = \dfrac{dw(z)}{dz}$ を $\dfrac{dZ}{dz}$ で割れば、変換後の共役複素速度 $V_X - iV_Y$ が得られます。この関係は、ジューコフスキー変換後の共役複素速度を求める際に極めて重要なのでしっかりと頭の中に入れておきましょう。

(8-15)式の最右辺の分母の $\dfrac{dZ}{dz}$ を求めておきましょう。(8-1)式から

$$\frac{dZ}{dz} = \frac{d}{dz}\left(z + \frac{a^2}{z}\right) = 1 - \frac{a^2}{z^2} \qquad (8\text{-}16)$$

となります。この式は $z = a$ の場合にゼロになるので座標 $(a, 0)$ でゼロになります。その場合は(8-15)式の最右辺の分母もゼロになります。したがって、最右辺の分子の共役複素速度 $v_x - iv_y$ がゼロでない場合には(8-15)式は無限

大に発散し、左辺のV_XまたはV_Yが無限大に発散することになります。しかし、V_XやV_Yが無限大の値を持つということは実際にはあり得ません。$z=a$の場合に無限大に発散しないためには、(8-15)式の右辺の分子の共役複素速度がゼロになる必要があります。すなわち$v_x=v_y=0$となり、座標$(a,0)$はよどみ点である必要があります。

■ジューコフスキー変換で循環の値は変わらない

ジューコフスキー変換には、「写像しても循環の値は変わらない」という都合の良い重要な性質があります。都合がよいのはどういう点かと言うと、ジューコフスキー変換前の循環の値がわかっていれば、ジューコフスキー変換後の循環の値を新たに求めなくてもいいということです。

この関係を見てみましょう。循環を表す数式は(2-22)式の

$$\Gamma = \oint_C v_s\, ds = \oint_C (v_x\, dx + v_y\, dy)$$

です。ここで、閉曲線Cを物体の外周、たとえば円周にとることにします。この外周に沿って流体は流れるので外周は流線と一致します。したがって、外周では流線を表す(2-1)式から

$$\frac{dx}{v_x} = \frac{dy}{v_y}$$
$$\therefore\ v_x\, dy - v_y\, dx = 0$$

が成り立ちます。この式の値はゼロなのでこの左辺を閉曲線Cに沿って次式のように周回積分してもゼロです。

$$\oint_C (v_x\,dy - v_y\,dx) = 0$$

よって、この式に虚数単位iをかけて(2-22)式の右辺に加えてもゼロを足すだけなので値は変わりません。よって、

$$\begin{aligned}
\Gamma &= \oint_C v_s\,ds = \oint_C (v_x\,dx + v_y\,dy) + i\oint_C (v_x\,dy - v_y\,dx) \\
&= \oint_C (v_x\,dx + v_y\,dy - iv_y\,dx + iv_x\,dy) \\
&= \oint_C (v_x - iv_y)(dx + idy) \\
&= \oint_C \frac{dw}{dz}(dx + idy) \quad\quad\text{((5-6) 式を使うと)} \\
&= \oint_C \frac{dw}{dz}\,dz \quad\quad\quad\quad\quad\quad (8\text{-}17)
\end{aligned}$$

となります。

さて、閉曲線Cのジューコフスキー変換後の閉曲線をC′とすると(たとえばC′はジューコフスキー翼になります)、この閉曲線もすでに見たように流線になります。よって、(8-17)式と同様に計算して、この閉曲線のまわりの循環Γ'も

$$\Gamma' = \oint_{C'} V_s\,dS$$

第8章 2次元翼理論——ジューコフスキー変換

$$= \oint_{C'} \frac{dW}{dZ} dZ \qquad (8\text{-}18)$$

と求められます。ここでV_sは線素dSの接線方向の流速です。

この(8-18)式に(8-14)式を代入すると

$$\begin{aligned} \Gamma' &= \oint_{C'} \frac{dW}{dZ} dZ \\ &= \oint_{C'} \frac{\dfrac{dw(z)}{dz}}{\dfrac{dZ}{dz}} dZ \\ &= \oint_{C'} \frac{dw(z)}{dz} \frac{dz}{dZ} dZ \end{aligned}$$

となり、dZを整理すると、積分変数をZからzに変換でき、その際、積分範囲が閉曲線C'の周回積分から閉曲線Cの周回積分に変わり、

$$= \oint_{C} \frac{dw(z)}{dz} dz = \Gamma$$

となります。最後は、(8-17)式を使いました。よって、

$$\Gamma = \Gamma' \qquad (8\text{-}19)$$

となります。このようにジューコフスキー変換では循環の値が変わらないことが証明できました。

■「円のまわりの斜めの一様な流れ＋循環」のジューコフスキー変換後の共役複素速度

円のまわりに斜めの一様な流れと循環がある場合のジューコフスキー変換後の共役複素速度を求めてみましょう。まず、変換前の複素速度ポテンシャルは、(6-15)式の

$$w = U\left(e^{-i\alpha}z + \frac{R^2 e^{i\alpha}}{z}\right) + i\frac{\Gamma}{2\pi}\log z$$

でした。この共役複素速度 $v_x - iv_y$ は、(5-6)式に従ってこれをzで微分して

$$\frac{dw}{dz} = U\left(e^{-i\alpha} - \frac{R^2 e^{i\alpha}}{z^2}\right) + i\frac{\Gamma}{2\pi z}$$

となります。したがって、ジューコフスキー変換後の共役複素速度は、(8-15)式と(8-16)式から

$$V_X - iV_Y = \frac{U\left(e^{-i\alpha} - \dfrac{R^2 e^{i\alpha}}{z^2}\right) + i\dfrac{\Gamma}{2\pi z}}{1 - \dfrac{a^2}{z^2}} \quad (8\text{-}20)$$

となります。

ここでは、まず、ジューコフスキー変換のうちで最も基本的で重要な平板（翼）の場合を考えることにしましょう。本章の前半で見たように、円の半径Rが $R = a$ である

第8章 2次元翼理論――ジューコフスキー変換

場合に、平板翼に変換できました。したがって、(8-20)式で分母がゼロになる$z=R$の点は、変換前の座標では円周上の$(R,0)$の点ですが、変換後はジューコフスキー変換の(8-1)式から座標$(2R,0)$の点になります。よって、$z=a=R$の場合の(8-20)式は平板翼の右端での共役複素速度を表しています。このとき、(8-20)式の右辺の分母はゼロになるので、(8-20)式が無限大に発散しないためには、右辺の分子もゼロになる必要があります。この条件は

$$U\left(e^{-i\alpha}-\frac{R^2 e^{i\alpha}}{R^2}\right)+i\frac{\Gamma}{2\pi R}=0$$
$$\therefore U\left(e^{-i\alpha}-e^{i\alpha}\right)+i\frac{\Gamma}{2\pi R}=0$$

となり、オイラーの公式から得られる

$$\sin\theta=\frac{e^{i\theta}-e^{-i\theta}}{2i}$$

の関係(付録参照)を使うと

$$\therefore 2U\sin\alpha=\frac{\Gamma}{2\pi R}$$
$$\therefore \Gamma=4\pi UR\sin\alpha$$

が得られます。

ここまでの計算では、循環の大きさΓはまだ求めていなかったわけですが、ここで、

平板翼の右端で共役複素速度が無限大にならないようにΓを決めた

わけです。この共役複素速度の発散を防ぐ条件を**クッタの条件**または**ジューコフスキーの仮定**と呼びます。

こうして循環の大きさΓが求まったわけですが、(8-19)式の関係からジューコフスキー変換後の循環Γ'も同じ値を持ちます。よって、揚力Lはクッタ・ジューコフスキーの定理の(7-13)式から簡単に求まり、

$$L = \rho U \Gamma = 4\pi \rho U^2 R \sin \alpha \tag{8-21}$$

となります。一様な流れと平板のなす角αを**迎え角**と呼びます。(8-21)式からわかるように迎え角がゼロの時には、揚力は発生しません。αをゼロから大きくしていくと、揚力も大きくなっていきます。揚力を$\frac{1}{2}\rho U^2 \cdot 4R$で割った量は、単位は無次元となり**揚力係数**と呼ばれます。この値は、翼の形によって異なります。図8-4はこの揚力係数をプロットしています。実際に平板翼を作製して風洞の中で実験してみると、迎え角が0〜5度程度の範囲では実験結果とよく一致することがわかっています。

この迎え角をさらに大きくしていくと、やがて流体は平板翼の上面に沿っては流れなくなり、剝離します。流れが剝離し揚力が低下し始める現象を**失速**と呼び、この迎え角

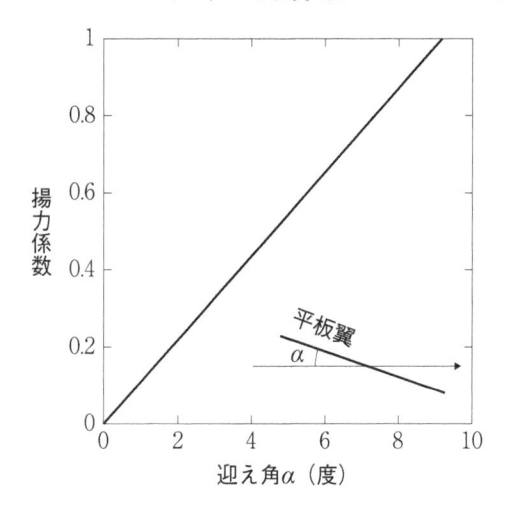

図8-4 平板翼の迎え角と揚力係数

を**失速角**と呼びます。実際の航空機で迎え角を大きくして失速状態に入るという経験を、一般の人がすることはまずありませんが、アクロバット飛行やラジコン飛行機などでは失速状態を見ることができます。また、現在では、フライトシミュレーターソフト（フリーのものもあります）を使えば、一般人でもパイロットになったつもりで、失速状態を経験できます。

■ジューコフスキー翼の揚力

平板翼の揚力の求め方と同様にしてジューコフスキー翼の揚力も求められます。ジューコフスキー翼に変換される前の元の円の中心座標を z_1 ($=x_1+iy_1$) とすると（図8-3の

左図の複素平面での座標は (x_1, y_1))、この円のまわりに斜めの一様な流れと循環がある場合の複素速度ポテンシャルは、(6-15)式のzを $z - z_1$ に置き換えた

$$w = U\left\{e^{-i\alpha}(z-z_1) + \frac{R^2 e^{i\alpha}}{z-z_1}\right\} + i\frac{\Gamma}{2\pi}\log(z-z_1)$$

となります。この共役複素速度を求めるために $\dfrac{dw(z)}{dz}$ を計算すると、

$$\frac{dw}{dz} = U\left\{e^{-i\alpha} - \frac{R^2 e^{i\alpha}}{(z-z_1)^2}\right\} + i\frac{\Gamma}{2\pi(z-z_1)}$$

となるので、(8-15) 式と (8-16) 式から

$$V_X - iV_Y = \frac{U\left\{e^{-i\alpha} - \dfrac{R^2 e^{i\alpha}}{(z-z_1)^2}\right\} + i\dfrac{\Gamma}{2\pi(z-z_1)}}{1 - \dfrac{a^2}{z^2}}$$

が得られます。$z=a$ の点は変換後のジューコフスキー翼では平板翼と同じく後縁に対応します。このとき、上式の分母はゼロになるので、発散しないためには分子もゼロになる必要があります。よって、この条件は

$$U\left\{e^{-i\alpha} - \frac{R^2 e^{i\alpha}}{(a-z_1)^2}\right\} + i\frac{\Gamma}{2\pi(a-z_1)} = 0$$

となります。分母にある $a-z_1$ は、図8-3の左図からわかるように、点 $(a,0)$ と外接円の中心との"差"に対応します。よって、この複素数の差を極形式で $Re^{-i\gamma} \equiv a-z_1$ と置くことにします。すると、

$$U\left\{e^{-i\alpha} - \frac{R^2 e^{i\alpha}}{R^2 e^{-i2\gamma}}\right\} + i\frac{\Gamma}{2\pi Re^{-i\gamma}} = 0$$

となり、さらに両辺に $e^{-i\gamma}$ をかけると

$$U\left(e^{-i(\alpha+\gamma)} - e^{i(\alpha+\gamma)}\right) + i\frac{\Gamma}{2\pi R} = 0$$

となります。前節と同様にオイラーの公式を使うと

$$2U\sin(\alpha+\gamma) = \frac{\Gamma}{2\pi R}$$

となり、

$$\Gamma = 4\pi UR\sin(\alpha+\gamma)$$

となります。よって、揚力は

$$L = \rho U \Gamma = 4\pi\rho U^2 R \sin(\alpha + \gamma) \quad (8\text{-}22)$$

となり、迎え角 α がゼロであっても角 γ が正の値をとれば、揚力が生じることがわかります。この角 γ は図8-3の左図にあるように外接円の中心と点 $(a, 0)$ を結ぶ直線が x 軸となす角です。$\gamma = 0$ の場合には、ジューコフスキー翼に反りはなくなり、上面と下面が対称形となる「対称ジューコフスキー翼」になります。この角度が大きくなるほど、右図のジューコフスキー翼の反りは大きくなり揚力も増します。これでリリエンタールが鳥の翼の観察で見つけた湾曲の効果が、数式でも明らかになりました。

■２次元翼理論のその後

これでジューコフスキー翼を使って揚力を解析的に求められるようになりました（「解析的に求める」とは、ここまでに見たように物理量を表す数式が得られることです）。しかし、ジューコフスキー翼の形状は実際の翼とは異なるので、さらに改良されたカルマン・クラフツ翼と呼ばれる翼も考案されました。これらの２次元翼理論は、ライト兄弟によるエンジン付き飛行機の発明のころから、第１次世界大戦、そして第２次世界大戦後まで航空機の設計において大活躍を続けました。

第２次世界大戦後に、コンピューターの開発が進むと、やがて揚力の計算に数値計算が広く使われるようになりました。流体が満たしていなければならない方程式として第

第8章 2次元翼理論——ジューコフスキー変換

2章で見た連続の式があります。この連続の式は3次元空間の流体では

$$\frac{\partial v_x}{\partial x} + \frac{\partial v_y}{\partial y} + \frac{\partial v_z}{\partial z} = 0 \qquad (2\text{-}10)$$

となります。この連続の式に速度ポテンシャルが満たす(4-1)式を代入すると、3次元空間の流体では

$$\frac{\partial^2 \phi}{\partial x^2} + \frac{\partial^2 \phi}{\partial y^2} + \frac{\partial^2 \phi}{\partial z^2} = 0 \qquad (8\text{-}23)$$

となります。この速度ポテンシャルの2次微分がゼロに等しいという(8-23)式を**ラプラス方程式**と呼びます。流れに渦がない場合には、このラプラス方程式を解けば、連続の式を満たす速度ポテンシャルを求められます。コンピューターを使った数値計算では、3次元の翼の形を格子状に区切り、それぞれの座標点ごとにラプラス方程式を解いて揚力を計算します。この種の数値計算のソフトウェアは高額ですが市販されているので、2次元翼理論が苦手でも、ソフトウェアを使えば翼の揚力を計算できる大学生もいるようです。

しかし、この2次元翼理論の「解析的に解ける」ということはある強みを持っています。数値計算では、人間が計算に関わる以上は、計算過程で何かの数値の入力を間違えたり、ソフトウェアの使用法を間違えるなどのミスの可能性があります。また、計算結果も単に数値として得られるので、物理的な意味づけが難しい場合があります。それに

対して、2次元翼理論を用いれば、数式から物理的意味が把握できるので、設計の大まかな方針の正しさが検証できます。また、数値計算の結果の正しさもおおよそ検証できます。したがって、現代でも翼の流体力学を本格的に学ぶ人にとっては2次元翼理論は重要な理論です。

図8-5は、最新の数値計算の一例として、航空機用ジェットエンジンの軸流圧縮機の動翼周りの流れの様子を、早稲田大学の太田有教授に提供していただいたものです。軸流圧縮機とはエンジンの前段部分を構成し、吸い込んだ空気を圧縮して、その後段の燃焼室に送り込む装置です。図中の曲線は、時間とともに変化する非定常な流線で、左図は設計どおり圧縮している状態を表し、右図は圧縮機が失速に陥る直前とのことです。右図は、下から巻き上がっている渦が次第に成長しており、やがて圧縮機は失速状態に

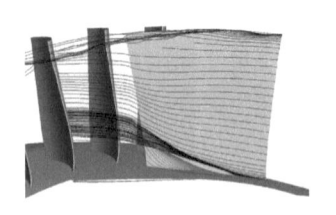

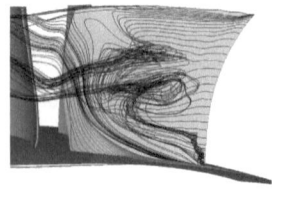

図8-5　航空エンジン用軸流圧縮機の動翼周りの流れ
右図では乱れに起因する渦が発生しています。早稲田大学太田有教授のご厚意による

突入していきます。次章で説明するレイノルズ数は、ともに10の7乗程度の大きな値で、両図ともに強い乱流状態にあります。航空エンジンの中には、このような圧縮機動翼やタービン動翼があわせて数百枚入っています。現在では、このように複雑な形状の翼や、様々な条件の流体での数値計算が可能になっています。

■揚力と浮力の違い　飛行機は重力のおかげで飛んでいる？

　この翼の揚力は気球などの浮力とある部分は似ていて、同時にある部分は違っています。その類似点と異なる点について考えてみましょう。

　浮力を使った乗り物としては、船と気球があります。多くの船は鉄でできていますが、内部に大きな空間を持つので、単位体積当たりの重量（重量密度）は、まわりの水（や海水）より小さくなります。このため浮力が発生します。気球も同様で、気球の中のガス（ヘリウムや水素、あるいは温められた空気）の体積当たりの重量はまわりの空気より軽くなります。このため浮力が発生します。どちらも、重量密度がまわりの水や空気より小さくなれば、浮かびます。浮力の特徴は静止した物体にも働くことです。船も気球も停止したまま何の問題もなく浮かびます。

　この浮力が仕事をするときのエネルギーはいったい何によってもたらされているのでしょうか？　たとえば、気象観測に用いるラジオゾンデの水素気球は、地表ゼロメートルから数千メートルまで上昇します。その数千メートルも

の上昇のエネルギーの起源は何でしょうか。気球内部のヘリウムガスや水素ガスが仕事をしてエネルギーを消費したわけでないことは明らかです。

　実は、このとき上昇に使われたエネルギー源は地球の重力そのものです。図8-6のように気球より重いまわりの空気を重力が強く地球に引き寄せたので、結果的に気球が上昇したわけです。

　一方、揚力は浮力と違って静止したままでは働かないという特徴があります。翼の上面と下面の気圧の差によって機体を持ち上げるため、軽飛行機でも時速100キロメートル近いスピードを出す必要があります。スピードを出さないと乗り物として機能しないという点では、スピードを出さないと倒れてしまう自転車に似ています。しかし、いったんスピードが出れば、揚力が働き、機体を高空まで持ち上げてくれるというわけです。この機体を持ち上げる仕事をするのはやはり地球の重力です。ということで、「飛行機は重力のおかげで飛んでいる！」と表現できます。

　つまり、揚力も浮力も、仕事をするのは地球の重力であるという点で共通しています。静止したときでも働くのが浮力であり、翼がスピードを出したときに発生する浮力が揚力である、ということになります。

■揚抗比

　揚力が、翼が動いたときに生じる一種の浮力であることを知りました。そして揚力そのものは重力のおかげであることも知りました。とすると、飛行機のエンジンの推力は

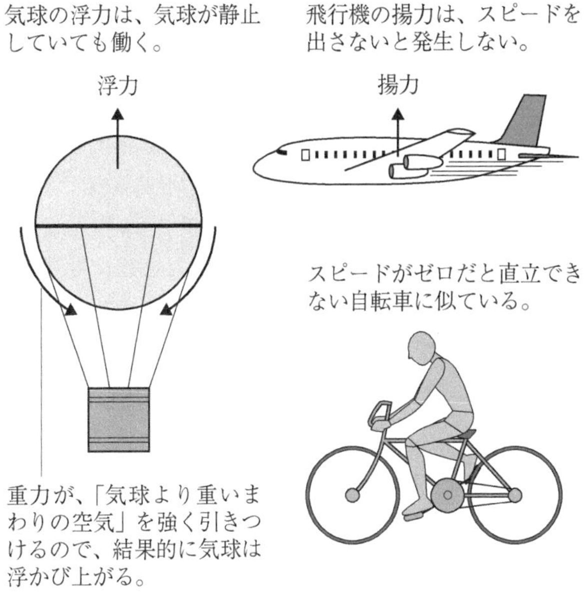

第8章 2次元翼理論──ジューコフスキー変換

気球の浮力は、気球が静止 していても働く。

浮力

飛行機の揚力は、スピードを 出さないと発生しない。

揚力

スピードがゼロだと直立できない自転車に似ている。

重力が、「気球より重いまわりの空気」を強く引きつけるので、結果的に気球は浮かび上がる。

図8-6　揚力は自転車に似ている?

揚力が発生するスピードを出すためだけに使えばよいことに気づきます。巡航時の水平飛行の飛行機を考えると、エンジンの推力は、空気抵抗と釣り合うだけ出せばよいということになります。機体を浮上させる揚力は、重力になっているのですから。このときの揚力を抗力で割れば、エンジンの推力の何倍の揚力が生まれているかがわかります。飛行機の性能は、抗力が小さく、揚力が大きいほど、低燃費で飛べるということになります。そこで、この

$$\text{揚力} \div \text{抗力}$$

を、**揚抗比**と呼びます。揚力も抗力もともにスピードによって変化します。なので、その飛行機の巡航速度で、最適になるように設計するのが望ましいのです。

　ジェット旅客機の場合、揚抗比はなんと18にも達します。エンジンは抗力分の推力を出すだけで、抗力の18倍の揚力を得ることができるのです。たとえば、重量380トンの旅客機を飛行させているとき、エンジンの推力は21トンでよいということになります。

　世界最大の旅客機であるエアバスA380では、自重は乗客や貨物を積まない状態で280トンもあり、燃料や荷物を積んだ状態で離陸できる最大の重量は560トンに達します。これに対して、エンジンの推力は1基あたり32トンです。32トンというのは、航空機のエンジンとしてはとても大きい値ですが、A380の4基のエンジンを合計しても、推力は128トンほどしかありません。A380の最大離陸重量560トンと比べると、エンジンの推力は約4分の1に過ぎないのです。したがって、仮にエンジンを最大出力で下向きに噴射させても、翼に揚力が働かない限りA380は浮かび上がることはありません。インターネット上で流布している諸説のなかには、「飛行機は、ベルヌーイの定理では飛んでいない」という珍説がありますが、それらの説はこの巨大な揚力の説明には成功していません。

第8章　2次元翼理論——ジューコフスキー変換

■ジューコフスキーとクッタ

　2次元翼理論に登場するジューコフスキー（1847～1921）はロシアの科学者です。1847年生まれで、1868年にモスクワ大学を卒業し、教員としての道を歩み、流体力学の研究で優れた業績を残しました。1886年にはモスクワ大学の力学科の長となり、流体力学と航空力学の分野で多くの後進を育ててロシア航空界の父と呼ばれました。1880年代の終わりから飛行について関心を持ち始め、1895年にはベルリンにリリエンタールを訪ねています。リリエンタールの飛行を数回見学し、グライダーを購入しました。1906年にクッタ・ジューコフスキーの定理を発表しました。1918年には中央航空力学研究所を設立し、1921年に亡くなりました。

　クッタ（1867～1944）は1867年にドイツのシレジアのピッツェンに生まれました（現在は、ポーランドのビチナ）。ジューコフスキーより20年遅い生まれで、ライト兄弟の兄のウィルバーとは生年が同じです。1885年から1890年にブ

ジューコフスキーの切手　左図は風洞を表していて、航空機の模型とファンが描かれている

レスラウ大学に学び、1890年から1894年まではミュンヘンの大学に学びました。1898年にはケンブリッジ大学に留学しています。1910年にアーヘン工科大学の教授に就任し、1912年から1935年まではシュトゥットガルト大学の教授を務めました。クッタは一部の翼の揚力の計算を1902年に発表しましたが、より一般化されたクッタ・ジューコフスキーの定理は1910年に発表しました。

　クッタは、クッタ・ジューコフスキーの定理以外にも、コンピューターを使う数値計算の方法として重要なルンゲ・クッタ法にも名を残しています。ライト兄弟の1903年の初飛行や、第1次世界大戦と第2次世界大戦での飛行機の発達は、同時代の出来事として体験しました。没年は1944年12月で第2次世界大戦でのドイツの敗色が濃厚になっていた時期でした。

クッタ

第8章 2次元翼理論——ジューコフスキー変換

　さて本章では、2次元翼理論の基本的な構造をマスターしました。この難解で高度な2次元翼理論を踏破した気分はいかがでしょうか。リリエンタールが自作のグライダーで初めて空に浮かんだ時のように、あるいは、ライト兄弟が大西洋からの浜風にむかってライトフライヤー号を飛ばしたときのように、「飛んだ！」という実感をつかんだのではないでしょうか。本章までは完全流体を扱ってきましたが、次の最終章ではいよいよ粘性のある流体を扱います。そして、流体力学において最も重要な方程式の一つとされる「ナビエ・ストークス方程式」に挑戦します。

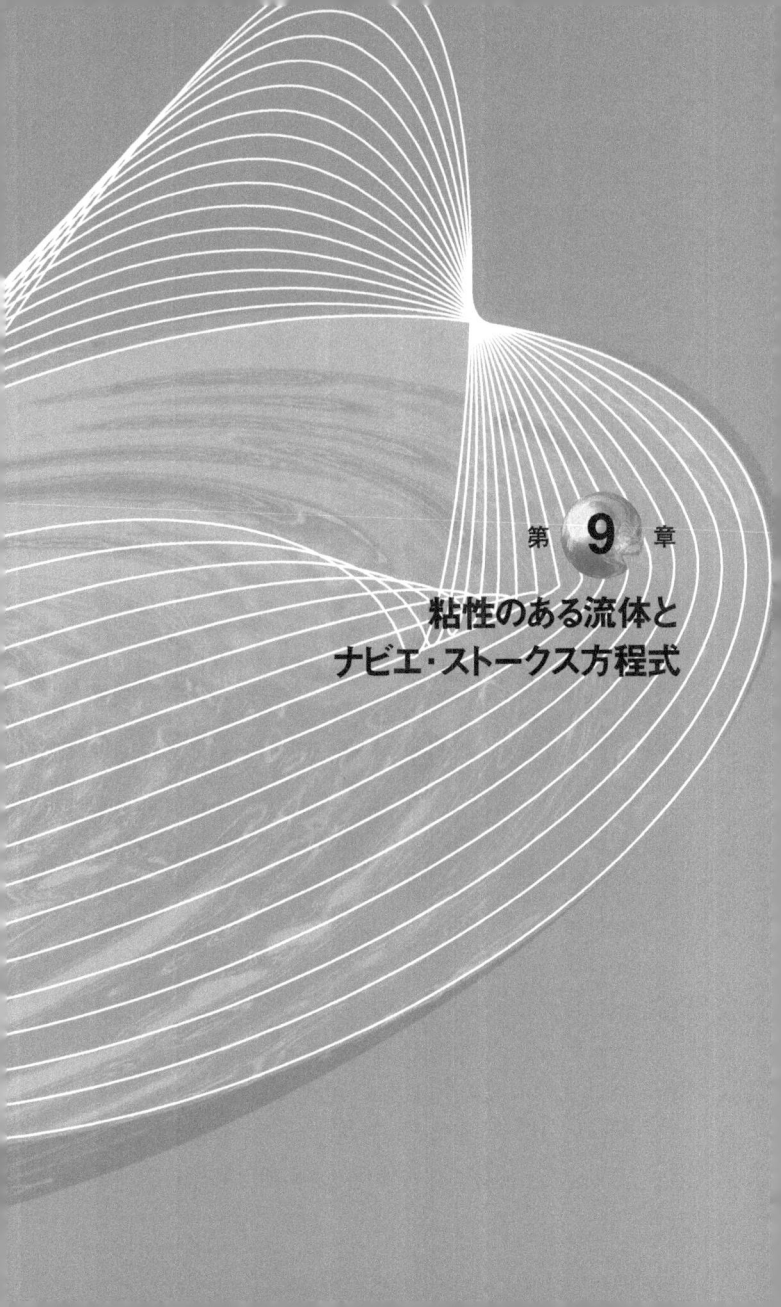

第 9 章
粘性のある流体とナビエ・ストークス方程式

■粘性のある流体をどう扱うか

　前章までは、粘性のない完全流体を扱ってきました。粘性とは、"ねばり"のことです。実際に私たちが接する流体には、それが空気にせよ、あるいは水にせよ、粘性があります。完全流体を対象とする流体力学は、数学的な取り扱いが相対的に容易なため、流体力学の歴史では初期に登場しました。完全流体を対象とした2次元翼理論によって揚力の計算が可能になりましたが、一方で、ダランベールの背理では、存在するはずの抗力を導き出せませんでした。つまり、適用範囲には限界があったわけです。本章では、この"粘性"を取り込んだ流体力学に取り組み、流体力学において最も重要な方程式の一つとされる「ナビエ・ストークス方程式」を導きます。

　粘性を考えるモデルとして、図9-1のように2つの平行な壁の間に流体があり、静止している下の壁に対して、上の壁が速さV_0で右方向に動いている場合を考えましょう。このとき、流体に生じる運動は、上の壁の動きだけによって生じているとします。上の壁が動くと粘性により流体も動くと考えるわけです。したがって、上の壁の運動が仮に止まったとすると、流れも止まってしまいます。このような流れをフランスの流体力学の研究者クエット（1858～1943）にちなんで**クエット流**と呼びます。

　このモデルでは、粘性の効果を壁面での境界条件として取り入れます。その条件は、「壁面では粘性の影響により、（壁から見た）流体の相対速度はゼロである」というものです。完全流体では、物体の外周は流線であり、流れ

第9章　粘性のある流体とナビエ・ストークス方程式

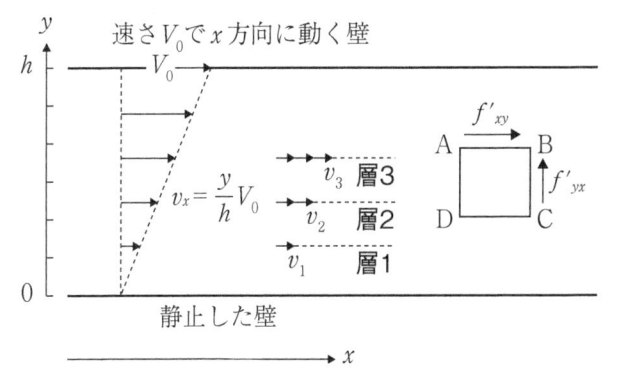

図9-1　クエット流

がある場合は、外周での流速はゼロではありませんでした。しかし、粘性を考える場合は、このように物体の外周での流体の相対速度をゼロであると仮定します。ここが完全流体の取り扱いとは大きく異なる点です。この仮定を使うと、下の壁面での流速はゼロとなり、上の壁面での流速は上の壁と同じ速さのV_0になります。

このとき壁と壁の距離をhとし、y座標を図9-1のようにとると、壁と壁の間の座標yでの流速は、座標yに比例して

$$v_x = \frac{y}{h} V_0$$

となると考えてよいでしょう。というのは、図9-1の真ん中の図のように、流れをいくつかの層に分けると、層1の速度v_1と層2の速度v_2の差が$v_s = v_2 - v_1$であったとすると、層1と層2と層3は同じ粘性を持つ流体なので、層2と層

3の速度の差も同じ$v_s = v_3 - v_2$だろうと考えられるからです。それぞれの隣りあう層との相対速度が同じだとすると、下の壁から数えてn番目の層の速度は、nv_sとなり、速度が座標yに比例することになります。

隣りあう層の間に生じる粘性による応力をτと書くことにします。隣の層との相対速度が大きいとこの応力は大きくなり、相対速度が小さいとこの応力も小さくなると考えられます。水や空気などの流体では、この応力が速度の勾配$\frac{dv_x}{dy}$に比例することがわかっています。式で表すと

$$\tau = \mu \frac{dv_x}{dy} \tag{9-1}$$

です。ここでμは粘性の度合いを表す比例係数で、**粘度**または**粘性率**と呼びます。また、粘性による応力がこの(9-1)式で表される流体を**ニュートン流体**と呼びます。水や空気はこのニュートン流体です。ニュートン流体ではない流体は、非ニュートン流体と呼びます。身近なところではケチャップやヨーグルトが非ニュートン流体です。

■粘性による応力

この流体の中で粘性によって生じる応力について考えてみます。図9-1の右図のように流体の中に正方形ABCDを考えましょう。この正方形ABCDは図では正方形ですが、3次元の空間では、紙面に垂直な方向に伸びた直方体を表しています。ここでは、物体の面の垂線方向がx方向であ

る場合にx面と呼び、面の垂線方向がy方向である面をy面と呼ぶことにします。応力には、面に垂直に働く**垂直応力**と、面に平行な方向に働く**せん断応力**があります。

図9-1の正方形に働くせん断応力は、正方形の上辺であるy面（辺AB）のx方向に働くf'_{xy}です。ここで記号f'_{xy}の添え字の1番目のxは応力の方向を表し、2番目のyが面を表します。この応力は、先ほどの(9-1)式から

$$f'_{xy} = \mu \frac{dv_x}{dy} \tag{9-2}$$

と書けます。また、正方形の下辺（辺CD）にもせん断応力が働きます。下辺より下側の流体は、正方形から見ると左向きに動いているので、その応力の向きは上辺とは逆の左向きです。

x面（辺BC）のy方向に働くせん断応力もあります。これは、(9-2)式でxとyを入れ替えた

$$f'_{yx} = \mu \frac{dv_y}{dx} \tag{9-3}$$

です。ただし、クエット流ではy方向の流速v_yはゼロでx座標によっては変わらないので $\frac{dv_y}{dx} = 0$ です。よって、このせん断応力はゼロです。同様に、辺DAのy方向に働くせん断応力もゼロです。

これらを総合すると、辺ABにはx方向に(9-2)式のせん断応力f'_{xy}が働き、辺CDには$-x$方向に同じ大きさのせん断

応力が働くことになります。とすると、この正方形は、これらの力により時計回りの回転を始めることになります。しかし、クエット流の中では、正方形は回転しません。とすると、このクエット流を描写する何かの力を見落としているということになります。

　この正方形の回転を止めるには、反時計回りの方向に力が必要ですが、この力は正方形の右辺と左辺に応力f'_{yx}として反時計回りに働けばよいということに気づきます。しかも、回転を止めるためには、図9-1からわかるように、この力の大きさは、f'_{xy}と同じである必要があります。よって、

$$f'_{xy} = f'_{yx} = \mu \frac{dv_x}{dy}$$

である必要があります。さて、この応力f'_{yx}が何によって生じるかですが、正方形のまわりには粘性による応力しかないし、上式が示すように、f'_{xy}と力の大きさは同じです。とすると、応力f'_{yx}も粘性による応力であると考えて、x面のy方向に働くせん断応力には、(9-3)式に $\mu \frac{dv_x}{dy}$ も加える必要があります。よって、これを新たにせん断応力と定義しf_{yx}で表すことにすると

$$f_{yx} = \mu \frac{dv_y}{dx} + \mu \frac{dv_x}{dy}$$

となります。空間の対称性から考えるとy面のx方向に働く

せん断応力f_{xy}についても同様に書き換える必要があるので、

$$f_{xy} = \mu \frac{dv_x}{dy} + \mu \frac{dv_y}{dx} \tag{9-4}$$

となります。この定義を改めたせん断応力では、これらの式から

$$f_{xy} = f_{yx} \tag{9-5}$$

が成り立つことがわかります。

■面の垂線方向に働く粘性力

　ここまでに見た粘性による力は、x面のy方向に働くせん断応力とy面のx方向に働くせん断応力で、「面に平行な方向に働く力」でした。粘性による力にはこの他にx面のx方向に働く垂直応力とy面のy方向に働く垂直応力があります。さきほどのクエット流を例にして、この垂直応力を導いてみましょう。

　クエット流の中に図9-2の右図のように先ほど（図9-2の左図＝図9-1の右図）とは違って流れの方向から45度傾いた正方形がある場合を考えましょう。x軸に平行な壁が図の上下に離れてあり、上の壁が図の右側方向へ動いているクエット流であることは先ほどと同じです。図9-2の右図では、45度傾いた新しい座標系を大文字のX軸とY軸として表すことにします。左図の従来の座標系は、小文字のx軸とy軸として表します。このとき45度傾けた辺A′B′（X

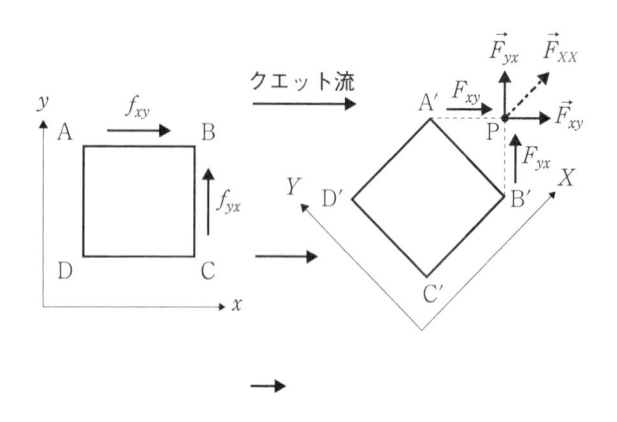

図9-2 クエット流に対して45度傾いた正方形（右図）

面）に働く粘性力について考えましょう。この辺A'B'に働く粘性力を考えるには、まず、辺A'B'を元のx軸とy軸に投影した成分に分解します。すると、x軸に投影した成分は右図の辺A'Pに対応し、y軸に投影した成分は、辺PB'に対応することがわかります。次にこの辺A'Pに働く粘性力F_{xy}を考えると、これは辺A'Pの長さが辺A'B'の長さの$1/\sqrt{2}$なので（直角二等辺三角形の三平方の定理から）、左図の辺ABに働くf_{xy}に比べて力の大きさは $1/\sqrt{2}$ であることがわかります。よって、

$$F_{xy} = \frac{f_{xy}}{\sqrt{2}} \tag{9-6}$$

となります。また同様に辺PB'に働く粘性力F_{yx}が

第9章 粘性のある流体とナビエ・ストークス方程式

$$F_{yx} = \frac{f_{yx}}{\sqrt{2}} \tag{9-7}$$

となることがわかります。

さて、この2つの力を合成すると右図の点P上に描いたベクトルの合成

$$\vec{F}_{xy} + \vec{F}_{yx} = \vec{F}_{XX}$$

のようにX方向の力が生じます。図からわかるように、F_{xy}のX方向の成分の大きさは$F_{xy}/\sqrt{2}$であり、F_{yx}のX方向の成分の大きさは$F_{yx}/\sqrt{2}$です。よって、この合成されたX方向の力の大きさは、この2つの力の和に(9-6)式と(9-7)式を使って

$$\frac{F_{xy}}{\sqrt{2}} + \frac{F_{yx}}{\sqrt{2}} = \frac{f_{xy}}{2} + \frac{f_{yx}}{2}$$

となります。この力は、X面(辺A'B')のX方向に働く力なので、記号F_{XX}で表すことにすると

$$F_{XX} = \frac{f_{xy}}{2} + \frac{f_{yx}}{2}$$

となり、(9-4)式と(9-5)式を代入すると

$$= \mu \frac{dv_x}{dy} + \mu \frac{dv_y}{dx} \tag{9-8}$$

211

となります。

これで、X面に垂直な応力が求められたわけですが、(9-8) 式の右辺を見ると、xy座標系の変数が使われているので、これをXY座標系の変数に置き換えましょう。図9-2がxy座標系とXY座標系の関係を表していますが、xy座標系からXY座標系への変数変換は

$$X = \frac{1}{\sqrt{2}}(x+y), \quad Y = \frac{1}{\sqrt{2}}(-x+y)$$

です。この両式を時間 t や x, y で微分すると

$$V_X \equiv \frac{dX}{dt} = \frac{1}{\sqrt{2}}\left(\frac{dx}{dt} + \frac{dy}{dt}\right) = \frac{1}{\sqrt{2}}(v_x + v_y),$$
$$V_Y \equiv \frac{dY}{dt} = \frac{1}{\sqrt{2}}\left(-\frac{dx}{dt} + \frac{dy}{dt}\right) = \frac{1}{\sqrt{2}}(-v_x + v_y),$$

$$\frac{\partial X}{\partial x} = \frac{1}{\sqrt{2}}, \quad \frac{\partial X}{\partial y} = \frac{1}{\sqrt{2}}, \quad \frac{\partial Y}{\partial x} = -\frac{1}{\sqrt{2}}, \quad \frac{\partial Y}{\partial y} = \frac{1}{\sqrt{2}}$$

が得られます。また、さらに整理すると

$$v_x = \frac{1}{\sqrt{2}}(V_X - V_Y)$$
$$v_y = \frac{1}{\sqrt{2}}(V_X + V_Y)$$

が得られます。これらを使って(9-8)式の微分 $\dfrac{dv_x}{dy}$ と $\dfrac{dv_y}{dx}$ を変数 X, Y による微分に変数変換します。

第9章 粘性のある流体とナビエ・ストークス方程式

$$\frac{dv_x}{dy} = \frac{\partial X}{\partial y}\frac{\partial v_x}{\partial X} + \frac{\partial Y}{\partial y}\frac{\partial v_x}{\partial Y}$$

$$= \frac{1}{\sqrt{2}}\frac{\partial v_x}{\partial X} + \frac{1}{\sqrt{2}}\frac{\partial v_x}{\partial Y}$$

$$= \frac{1}{2}\frac{\partial}{\partial X}(V_X - V_Y) + \frac{1}{2}\frac{\partial}{\partial Y}(V_X - V_Y)$$

$$= \frac{1}{2}\frac{\partial V_X}{\partial X} - \frac{1}{2}\frac{\partial V_Y}{\partial X} + \frac{1}{2}\frac{\partial V_X}{\partial Y} - \frac{1}{2}\frac{\partial V_Y}{\partial Y}$$

$$\frac{dv_y}{dx} = \frac{\partial X}{\partial x}\frac{\partial v_y}{\partial X} + \frac{\partial Y}{\partial x}\frac{\partial v_y}{\partial Y}$$

$$= \frac{1}{\sqrt{2}}\frac{\partial v_y}{\partial X} - \frac{1}{\sqrt{2}}\frac{\partial v_y}{\partial Y}$$

$$= \frac{1}{2}\frac{\partial V_X}{\partial X} + \frac{1}{2}\frac{\partial V_Y}{\partial X} - \frac{1}{2}\frac{\partial V_X}{\partial Y} - \frac{1}{2}\frac{\partial V_Y}{\partial Y}$$

よって、これらを(9-8)式に代入すると

$$F_{XX} = \mu\frac{dv_x}{dy} + \mu\frac{dv_y}{dx}$$

$$= \mu\frac{\partial V_X}{\partial X} - \mu\frac{\partial V_Y}{\partial Y}$$

となります。ここで、連続の式である(2-9)式

$$\frac{\partial V_X}{\partial X} + \frac{\partial V_Y}{\partial Y} = 0$$

を使うと（連続の式はXY座標系でも同じ形に導けます）、

$$F_{XX} = 2\mu \frac{dV_X}{dX} \qquad (9\text{-}9)$$

が得られます。これは、本節の冒頭に述べた「面に垂直な応力」です。この式でおもしろいのは、この力もまた、「面に平行な応力」を表す(9-1)式と同じ粘度μを使って表されることです。このように粘度μは、面に垂直な応力にも、あるいは平行なせん断応力にも共通に使われます。

ここではクエット流を例にとって、(9-9)式を導きましたが、これらの式の変形は、クエット流以外の「一般的な流れ」でも同じです。よって、この式は一般的な流れで成り立ちます。また、変数の記号のとり方は自由なので、座標変換後の変数X, Yをx, yに置き換え、変数V, Fをv, fに置き換えると、(9-9)式は

$$f_{xx} = 2\mu \frac{dv_x}{dx} \qquad (9\text{-}10)$$

と書き換えられます。

■ナビエ・ストークス方程式

第2章で外力がある場合のオイラーの方程式として(2-18)式が得られましたが、これには粘性の効果が含まれていませんでした。そこで「粘性による力」を外力としてオイラーの方程式に取り入れましょう。ここでは、図9-1のクエット流の中の正方形が、幅$\Delta x \times$幅Δyの微小な流体要素を表すとみなします。Δxは辺ABの長さで、Δyは辺BCの

第9章 粘性のある流体とナビエ・ストークス方程式

長さです。このBC面のx方向に働く（単位長さ当たりの）粘性力は$f_{xx}(x+\Delta x)$で、DA面のx方向に働く粘性力は$-f_{xx}(x)$です。また、AB面のx方向に働く粘性力は$f_{xy}(y+\Delta y)$で、CD面のx方向に働く粘性力は$-f_{xy}(y)$です。よって、x方向の粘性力は、

$$\{f_{xx}(x+\Delta x)-f_{xx}(x)\}\Delta y+\{f_{xy}(y+\Delta y)-f_{xy}(y)\}\Delta x$$

となります。ΔxやΔyとのかけ算になっているのは、$f_{xx}(x)$などが単位長さ当たりの粘性力なので、各辺の長さのΔxやΔyをかける必要があるからです。この流体の要素の質量は$\rho\Delta x\Delta y$なので、上式を質量で割ると、(2-18)式で定義した外力（単位は加速度）が得られ、

$$\frac{\{f_{xx}(x+\Delta x)-f_{xx}(x)\}\Delta y+\{f_{xy}(y+\Delta y)-f_{xy}(y)\}\Delta x}{\rho\Delta x\Delta y}$$
$$=\frac{f_{xx}(x+\Delta x)-f_{xx}(x)}{\rho\Delta x}+\frac{f_{xy}(y+\Delta y)-f_{xy}(y)}{\rho\Delta y}$$
$$=\frac{1}{\rho}\frac{\partial f_{xx}}{\partial x}+\frac{1}{\rho}\frac{\partial f_{xy}}{\partial y}$$

となります。ここで、2行目から3行目へは偏微分で置き換えています。これに(9-4)式と(9-10)式を代入すると、

$$=\frac{1}{\rho}\left(2\mu\frac{\partial^2 v_x}{\partial x^2}+\mu\frac{\partial^2 v_y}{\partial x\partial y}+\mu\frac{\partial^2 v_x}{\partial y^2}\right)$$

$$= \frac{1}{\rho}\left(\mu\frac{\partial^2 v_x}{\partial x^2} + \mu\frac{\partial^2 v_x}{\partial y^2} + \mu\frac{\partial^2 v_x}{\partial x^2} + \mu\frac{\partial^2 v_y}{\partial x \partial y}\right)$$

$$= \frac{1}{\rho}\left\{\mu\frac{\partial^2 v_x}{\partial x^2} + \mu\frac{\partial^2 v_x}{\partial y^2} + \mu\frac{\partial}{\partial x}\left(\frac{\partial v_x}{\partial x} + \frac{\partial v_y}{\partial y}\right)\right\}$$

となります。このうち、最後の行の（　）の中の項は、連続の式の(2-9)式からゼロになるので

$$= \frac{\mu}{\rho}\left(\frac{\partial^2 v_x}{\partial x^2} + \frac{\partial^2 v_x}{\partial y^2}\right)$$

となります。よって、(2-18)式のオイラーの方程式に、この粘性力を外力として加えると、

$$\frac{dv_x}{dt} = -\frac{1}{\rho}\frac{\partial p}{\partial x} + \frac{\mu}{\rho}\left(\frac{\partial^2 v_x}{\partial x^2} + \frac{\partial^2 v_x}{\partial y^2}\right) + K_x$$

となります。y方向についても同様に求めて

$$\frac{dv_y}{dt} = -\frac{1}{\rho}\frac{\partial p}{\partial y} + \frac{\mu}{\rho}\left(\frac{\partial^2 v_y}{\partial x^2} + \frac{\partial^2 v_y}{\partial y^2}\right) + K_y$$

が得られます。また、これをさらに第2章で登場したベクトル演算の grad（勾配）と次式のベクトル記号

$$\nabla^2 \vec{v} \equiv \left(\frac{\partial^2 v_x}{\partial x^2} + \frac{\partial^2 v_x}{\partial y^2}, \frac{\partial^2 v_y}{\partial x^2} + \frac{\partial^2 v_y}{\partial y^2}\right)$$

を使って整理すると（∇は**ナブラ**と読みます）

$$\frac{d\vec{v}}{dt} = -\frac{1}{\rho}\,\mathrm{grad}\,p + \frac{\mu}{\rho}\,\nabla^2\vec{v} + \vec{K} \qquad (9\text{-}11)$$

となります。この(9-11)式が**ナビエ・ストークス方程式**です。

　流体の運動について考えると、完全流体では運動エネルギーは圧力のエネルギーや位置エネルギーに変わることはあっても、この三者の和は一定でエネルギーは保存されています。しかし、粘性がある場合には運動エネルギーは粘性によって奪われて熱エネルギーに変わっていきます。(9-11)式では右辺の第2項の粘度μを含む項が粘性の効果を表しています。ナビエ・ストークス方程式は、粘性の効果を含んだ適用範囲の広い極めて重要な方程式です。読者の皆さんは、ここまで到達したことを、誇りに思ってよいと思います。

■ナビエ・ストークス方程式の適用例

　ナビエ・ストークス方程式は極めて有用な方程式ですが、一方で、解析的に解くのが難しい方程式です。そのため現在ではコンピューターを使って数値計算で解くのが一般的です。ここでは例外的に解析的に解ける例を1つ見ておきましょう。

　図9-3のように2つの壁で挟まれた水平な流路での流れを考えます。ただし、クエットの流れとは違って、2つの壁はともに静止しているとします。このとき、流路の左側の圧力p_Lが高く、右側の圧力p_Rが低いとします。この左右

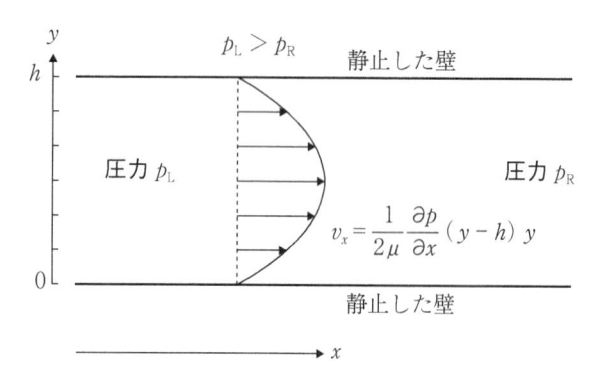

図9-3 二次元ポアズイユの流れ

の圧力差で流体は左から右に流れていて、その流量は常に一定である場合を考えます。

壁と流体との境界条件を考えると、2つの壁は静止しているので、$y=0$ と $y=h$ ではともに、x 方向の速度はゼロです。よって、

$$v_x(x,0) = v_x(x,h) = 0 \tag{9-12}$$

が境界条件になります。

流量は常に一定の定常流なので、x 方向の速度 v_x は、時間や x 座標に依存しません。よって、

$$\frac{dv_x}{dt} = 0$$

であり

第9章　粘性のある流体とナビエ・ストークス方程式

$$\frac{\partial v_x}{\partial x} = 0$$

です。

また、座標xでの圧力は、y座標によらず一定であると考えてよいでしょう。つまり流路の壁側でも、あるいは真ん中でもx座標が同じであれば圧力は同じであるとします。よって、ナビエ・ストークス方程式は外力$\vec{K}$を0として

$$0 = \frac{dv_x}{dt} = -\frac{1}{\rho}\frac{\partial p}{\partial x} + \frac{\mu}{\rho}\left(\frac{\partial^2 v_x}{\partial x^2} + \frac{\partial^2 v_x}{\partial y^2}\right)$$

$$= -\frac{1}{\rho}\frac{\partial p}{\partial x} + \frac{\mu}{\rho}\frac{\partial^2 v_x}{\partial y^2}$$

$$\therefore \frac{\partial^2 v_x}{\partial y^2} = \frac{1}{\mu}\frac{\partial p}{\partial x} \qquad (9\text{--}13)$$

となります。右辺の微分 $\frac{\partial p}{\partial x}$ はx方向の圧力の低下を表していますが、この値はx座標のどこでも一定であると考えてよいでしょう。つまり、一定の割合でx方向の圧力は低下します。したがって、$\frac{\partial p}{\partial x}$ は定数として扱ってよいということになります。すると、この方程式は、変数yについてだけ解けばよいことになります。よって、(9–13)式を変数yについて2回積分します。まず1回積分すると

$$\frac{\partial v_x}{\partial y} = \frac{1}{\mu} \frac{\partial p}{\partial x} y + C_1$$

となります。C_1 は定数です。続いてもう1回積分すると

$$\therefore v_x = \frac{1}{2\mu} \frac{\partial p}{\partial x} y^2 + C_1 y + C_2$$

となります。

　この式を境界条件の(9-12)式に代入すると、$v_x(x, 0) = 0$ から $C_2 = 0$ が得られ、$v_x(x, h) = 0$ から

$$C_1 = -\frac{h}{2\mu} \frac{\partial p}{\partial x}$$

が得られます。よって

$$v_x = \frac{1}{2\mu} \frac{\partial p}{\partial x} y^2 - \frac{h}{2\mu} \frac{\partial p}{\partial x} y$$
$$= \frac{1}{2\mu} \frac{\partial p}{\partial x} (y - h) y$$

となります。この流速は上式からわかるように座標 y の2次関数で表されるので、図9-3に示したように、流路の中央が最も速く、上下の壁に接するところではゼロになります。この流れは、2次元ポアズイユの流れと呼ばれています。

　ポアズイユ（1797〜1869）は、フランスの医学者で血管の中の流れの解明に取り組みました。血管のような円管の

中の流れは、ナビエ・ストークス方程式の解とよく一致していて、これを**ハーゲン・ポアズイユの流れ**と呼びます。2次元ポアズイユの流れは、その簡単なバージョンということになります。ハーゲン（1797～1884）はドイツの水理学の研究者・技術者で、ポアズイユとは独立に円管内の流れを解明しました。

■ナビエとストークス

ナビエ・ストークス方程式は、ナビエとストークスの2人の科学者の名前がついています。

ナビエ（1785～1836）は1785年にフランスのパリに生まれました。父を8歳の時に亡くし、土木技術者であった伯父から教育を受けました。1802年に、ナポレオン（1769～1821）によって創設されて間のないエコール・ポリテクニ

ナビエ

ーク（理工科学校）に入学し、1804年にエコール・デ・ポン・ゼ・ショセ（国立土木学校）に進みました。エコール・ポリテクニークではフーリエ（1768〜1830）から教えを受け、フーリエとは生涯にわたって親交を保ちました。エコール・ポリテクニークとエコール・デ・ポン・ゼ・ショセは、グランド・ゼコールと呼ばれるフランスの高等教育における特別な専門機関です。特に数学と物理学の分野では、エコール・ポリテクニークの創立後に数多くの天才たちが群がり出ました。ナビエは1806年にエコール・デ・ポン・ゼ・ショセを卒業すると、土木技師として橋の設計などに携わりました。1819年からエコール・デ・ポン・ゼ・ショセで教え始め、ナビエ・ストークス方程式を発表したのは1822年でした。1824年には科学アカデミーの会員に選ばれています。1830年にエコール・デ・ポン・ゼ・ショセの教授になりました。同年の七月革命では、シャルル10世がイギリスに亡命し、ルイ・フィリップが新たに王位につきました。シャルル10世の支持者だったコーシー（1789〜1857）も国外に逃れたので、ポストの空いたエコール・ポリテクニークの教授職にナビエが就きました。亡くなったのは1836年です。

　パリ第7大学のDarrigol博士の研究によると、ナビエ・ストークス方程式は、5人の研究者により発見や再発見が繰り返されたそうです。1822年のナビエによる発表の後にも、コーシーが1823年に、ポアソンが1829年に、サンブナンが1837年に、そしてストークスが1845年に独立に導きました。

第9章 粘性のある流体とナビエ・ストークス方程式

　ストークス（1819〜1903）がこの方程式を導くことになったきっかけは、他の4人の研究者とは少し異なっています。当時、地球の形状の測定のために地表での重力の測定が行われていて、重力の測定には振り子が使われていました。振り子の振幅が小さい場合には、振り子の周期 t は、振り子の長さ l と重力加速度 g を使って

$$t = 2\pi \sqrt{\frac{l}{g}}$$

と表されます。この関係から、周期 t を測定すれば、重力加速度 g が求まることがわかります。この式は、振り子の振幅が小さい場合の近似式なので、より正確な測定を行う場合は補正項を含んだもっと複雑な式を使います。しかし、それでも精度は十分ではありません。なぜなら、空気の抵抗による影響を考慮していないからです。ストークスは球形のおもりをもつ振り子の空気抵抗を導く過程でナビエ・ストークス方程式を導出しました。速さ v の一様な流れ（粘度 μ の流体）の中に半径 R の球を置いた場合に、その抗力が

$$6\pi \mu R v$$

となることをストークスが導きました。これを**ストークスの抵抗法則**と呼びます。

■層流と乱流

　本章の最後に乱流についても触れておきましょう。流れには、滑らかに流れる層流と、流れが乱れる乱流があります。たとえば、水道の栓をわずかに開いて水を出すと、滑らかな水流ができますが、これが層流の例です。水道の栓をさらに大きく開くと、ジャバジャバと水が乱れて流れ落ちますが、これが**乱流**です（栓の開き方との関係は逆の場合もあります）。この層流と乱流の違いを詳しく調べたのがイギリスのレイノルズ（1842～1912）です。

　流れが層流になるか、あるいは乱流になるかは、**レイノルズ数**の大きさによっておおよそ決まります。レイノルズ数は、代表速度Uと代表長さLに密度ρをかけた量ρULを粘度μで割った量です。レイノルズ数をReで表すと、

$$Re = \frac{\rho UL}{\mu}$$

となります。代表長さは、円管の場合は直径をとります。直径が小さいほど、流体は円管の内壁の影響を大きく受け、逆に直径が大きいほど流量あたりの内壁の影響は小さくなります。また、密度が大きいほど慣性の効果は大きくなります。一方、分母の粘度が大きいほど粘性は高くなります。このようにレイノルズ数の分子が大きいほど、あるいは分母が小さくなるほど、粘性の影響を受けにくく、流れやすいということになります。

　レイノルズは、このレイノルズ数が小さいときには粘性

が効いて層流になり、大きいときには乱流になることを発見しました。流体が水の場合には、レイノルズ数が2300ぐらいになると乱流に変化します。この層流から乱流に変わるレイノルズ数を**臨界レイノルズ数**と呼びます。

レイノルズ数が大きい場合には、粘性の影響は相対的に小さくなります。したがって、このときに粘性の影響を物体の近くの狭い領域だけで取り入れ、それより外側では、水や空気などの流体を完全流体であると見なして取り扱うことが可能になります。この物体の近傍の粘性を考慮する領域を**境界層**と呼びます。境界層の中の物体の表面では、流体の物体に対する相対速度はゼロです。物体から離れるにしたがって、相対速度は大きくなりますが、境界層の外側の相対速度の99％になるところまでの厚さを境界層厚さと定義します。この境界層を理論にとり入れることにより、従来は完全流体の枠組みでしかとらえられなかった流体の現象を、粘性のある現象として、しかも、それほど理論的には難易度を高くせずに取り扱うことが可能になりました。

■流れの剥離

すでに見たように、完全流体の一様な流れの中に円柱を入れると抗力がゼロになり、これをダランベールの背理と呼びます。粘性流体の場合には、レイノルズ数が5以下の場合は完全流体の場合に似て円周の近傍に沿う流線が存在します（ただし、完全流体と違って粘性による抗力は大きい）。しかし、レイノルズ数が5を超えると流線は円周に

沿わなくなり、円周から剝離(はくり)します。剝離が起こるとその下流に渦が発生します。

物体の形状によっては、円柱で剝離が起こるレイノルズ数でも剝離の影響を小さくできます。たとえば、流線形では剝離しにくくなり、抗力は円柱よりかなり小さくなります。したがって、比較的高速の乗り物をデザインする場合は、内部の容積を犠牲にせずにどのように抗力を減らせるかがデザイン上の重要ポイントになります。

これまで流体中の抗力についてほとんど議論されてこなかった物体にも流体力学が関与しつつあります。東日本大震災では津波によって多くの堤防が倒壊しました。震災の影響を詳細に調べた早稲田大学の柴山知也教授によると、従来の堤防は津波を止めることに主眼が置かれていたが、今後は想定以上の大きさの津波が来た時に堤防が倒壊しないことも重要とのことです。津波が堤防を越えた際に、堤防に沿ってなめらかに水が流れれば抗力は小さくなりますが、流れが剝離し渦ができると抗力は大きくなり倒壊の可能性は高まります。渦はまた、堤防の土台となる地盤も削り取ります。津波が堤防を越えた場合でも、堤防による災害の削減効果は認められること、数多くの堤防が倒壊すると再建に莫大な費用が掛かることから、津波が越流しても倒壊しない堤防の設計が求められるとのことです。すでに、日本の研究者たちは、寄せ波と引き波の双方に対して流体力学による解析を行っています（図9-4）。

水理学は、数世紀にわたって治水に活躍してきましたが、現代の流体力学・水理学もその使命を引き継いでいま

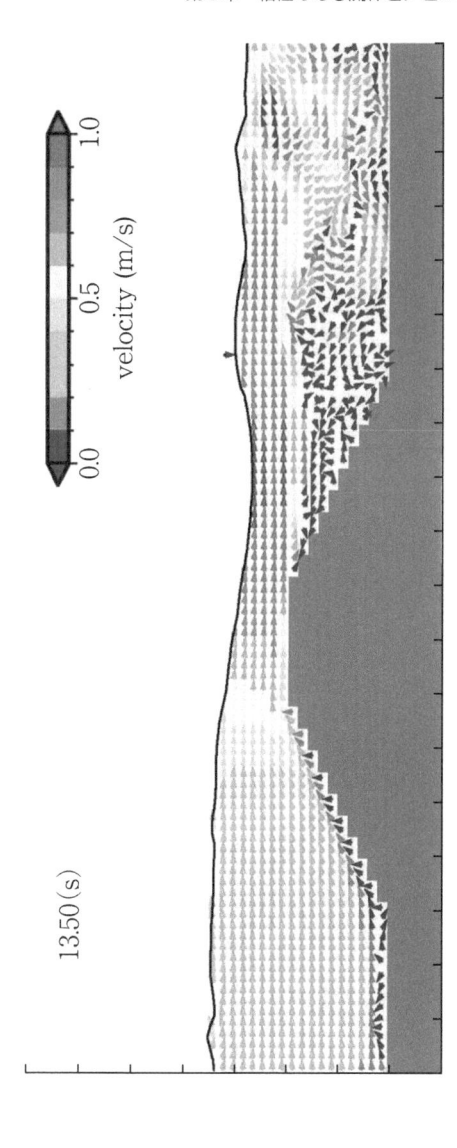

第9章 粘性のある流体とナビエ・ストークス方程式

図9-4 堤防を越える流れ

左から押し寄せた流れによって堤防右側(下流)に複雑な渦が発生しています(矢印は流速ベクトル)。早稲田大学三上貴仁博士、柴山知也教授のご厚意による

す。

　さて、本書では、流体力学の基礎の理解からスタートして、オイラーの方程式、ベルヌーイの定理、2次元流体理論を理解し、そしてナビエ・ストークス方程式まで到達しました。ここからさらに先には、乱流や、境界層、そしてレイノルズ数などが関わる多様でさらに実際的な流体力学の世界が待っています。本書をここまで読破した方には、その続きに容易に飛び出せる揚力が身についていることでしょう。また、今後、流体を扱う際には、脳内を循環している流体力学の知識が大いに活躍することでしょう。

おわりに

　今日、インターネットの発達は目覚ましいものがあり、地球上のかなりの場所を簡単に覗けるようになりました。例えば、本書執筆時の2014年初夏の段階では、「Googleマップ」を使えば、ポン・デュ・ガールもキルデビルヒルズも簡単に覗けます。Googleマップの検索欄に、「ポン・デュ・ガール」または「ファーストフライト空港」とそれぞれ日本語で入力すれば、いくつかの候補が現れ、その中に本物の場所があります。地図表示から衛星写真に切り替えて最大限の詳細表示にズームアップし、さらに、画面の人型のアイコンを使って、希望の場所にストリートビュー機能で入ると、あたかもその場所に実際に行ったかのような疑似体験ができます。

　ポン・デュ・ガールでは、Googleマップでピトーが設計した橋を実際に渡ることが可能で、橋の中央に立って360度の全周を見回すことも、そしてポン・デュ・ガールを間近に見上げることも可能です。ピトーの時代にヨーロッパの土木技術はようやく古代ローマの水準まで復活しました。ピトーはポン・デュ・ガールを参考にしてモンペリエ市の中心部に位置するサンクレマン水道橋も設計しました。こちらもGoogleマップで覗けます。

　ファーストフライト空港は、ライト兄弟の初飛行の地点

おわりに

に隣接して作られた飛行場です。衛星写真で上空から眺めると、キルデビルヒルズが大西洋岸でいかにも風の強そうな場所にあることがよくわかります。当時村があったのは、約4キロメートル北のキティホークだったので、初飛行の地としてはキティホークの名前の方が有名です。

ファーストフライト空港の滑走路の北端あたりをズームアップすると、100メートルほど東側に、小さな白い点が4～5個見えると思います。これはそれぞれ初飛行時の飛行地点を記した石碑で、南側から北に向けて（ただし、わずかに東側へ）ライトフライヤー号は飛行しました。4回目の飛行では約260メートルを飛びましたが、この石碑がライト兄弟記念公園の敷地の最北端のぎりぎりに立っています。ライト兄弟記念碑が建っている南側の丘は、滑空実験のために用いた砂丘です。動力飛行の前年に1000回もの滑空飛行を行いました。初飛行の後、約10年で飛行機の発達は兄弟たちを追い越してしまいましたが、この砂丘の頂に立って周囲を見回してみると、飛ぶことに憑かれたかのような兄弟の情熱を感じとることができます。

本書もまた、講談社の梓沢修氏にお世話になりました。ここに謝意を表します。

付録

■運動エネルギー

物理学では、力Fは「質量m×加速度a」で定義され（$F=ma$）、仕事Wは、「力F×移動距離L」で定義されています（$W=FL$）。これらの力や仕事の意味は、日常生活での力や仕事の意味とは異なっているので、まず、そこに注意しましょう。

質量mの物体を速度ゼロからvまで加速するのに要する仕事を運動エネルギーと呼びます。たとえば、物体に力Fが持続的に加わることによって、加速度aが一定の等加速度運動をし、速度がゼロからvまで加速した場合を考えます。この加速に要した時間をtとすると、速度＝加速度×時間なので$v=at$の関係があり、移動距離Lは、

$$L=\frac{1}{2}at^2 \left(=\int_0^t v\,dt = \int_0^t at\,dt\right)$$

となります。この間の仕事Wは、仕事＝力×移動距離なので

$$W=FL=ma\times\frac{1}{2}at^2=\frac{1}{2}m(at)^2=\frac{1}{2}mv^2$$

となります。よって、これが運動エネルギーです。

■**全微分**

　全微分は関数が複数の変数によって表されるときに、そのすべての変数をわずかに動かしたときの関数の変化量の関係を表します。例えば、変数がxとyの2つある関数fを考えます。この関数の値をzとして

$$z = f(x, y)$$

と書くことにします。xとyを少しずつΔxとΔyだけ動かしたときのzの変化Δzは、付図-1からわかるように、この2つの変化を使って、

$$\Delta z = \frac{\partial f(x, y)}{\partial x} \Delta x + \frac{\partial f(x + \Delta x, y)}{\partial y} \Delta y \quad \text{(F-1)}$$

と表せます。ここで、Δxが非常に小さいと、次のように座標(x, y)と$(x + \Delta x, y)$でy方向の傾きは同じと考えて良いでしょう。

$$\frac{\partial f(x + \Delta x, y)}{\partial y} = \frac{\partial f(x, y)}{\partial y}$$

よって、(F-1)式は、

$$\Delta z = \frac{\partial f(x, y)}{\partial x} \Delta x + \frac{\partial f(x, y)}{\partial y} \Delta y$$

$$\Delta z = \frac{\partial f(x, y)}{\partial x} \Delta x + \frac{\partial f(x + \Delta x, y)}{\partial y} \Delta y$$
$$= \frac{\partial f(x, y)}{\partial x} \Delta x + \frac{\partial f(x, y)}{\partial y} \Delta y$$

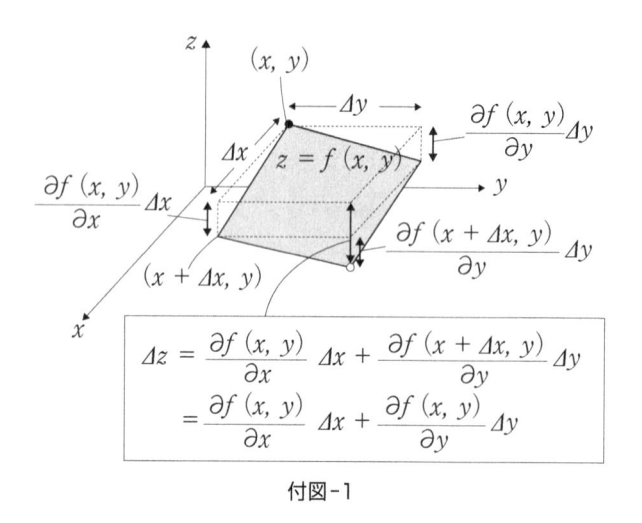

付図-1

と表せます。この関係を全微分と呼びます。微分記号で書くと

$$dz = \frac{\partial f(x, y)}{\partial x} dx + \frac{\partial f(x, y)}{\partial y} dy$$

です。

第2章の $v_x(x, y, t)$ の全微分では変数が3つなので、

$$dv_x(x, y, t) = \frac{\partial v_x(x, y, t)}{\partial t} dt + \frac{\partial v_x(x, y, t)}{\partial x} dx + \frac{\partial v_x(x, y, t)}{\partial y} dy$$

$$= \frac{\partial v_x(x, y, t)}{\partial t} dt + \frac{\partial v_x(x, y, t)}{\partial x} \frac{dx}{dt} dt + \frac{\partial v_x(x, y, t)}{\partial y} \frac{dy}{dt} dt$$

となります。

■ポテンシャルエネルギーと力

重力のポテンシャルエネルギーを例にとると、ポテンシャルエネルギー U は、$U = mgz$ なので（質量 m、重力加速度 g、高さ z）、微分すると

$$\frac{dU}{dz} = \frac{d}{dz}(mgz) = mg$$

となり、これは重力による力 $F = -mg$ に対応しています。

■単位ベクトルと内積

単位ベクトル $\vec{e}$ は長さが 1 のベクトル $\left(|\vec{e}| = 1\right)$ です。この単位ベクトルと角 θ をなすベクトルを $\vec{v}$ とすると、この両者の内積は、

$$\vec{v} \cdot \vec{e} = |\vec{v}||\vec{e}|\cos\theta = |\vec{v}|\cos\theta$$

となるので、単位ベクトル方向の $\vec{v}$ の成分（長さ）が得られます。

■オイラーの公式

オイラーの公式は指数関数と三角関数をつなぐ公式で

す。これは、

$$e^{i\theta} = \cos\theta + i\sin\theta \tag{F-2}$$

というもので、大学の1年生レベルの数学で習うテイラー展開を使えば求められます。

テイラー展開はある関数 $f(x)$ を、

$$f(x) = a + bx + cx^2 + dx^3 + \cdots$$

というふうに x の何乗かの和で表せるというものです。このテイラー展開を使うと、指数関数、サイン、コサインは次のように表せます。

$$\begin{aligned}e^x &= 1 + \frac{x}{1!} + \frac{x^2}{2!} + \frac{x^3}{3!} + \cdots \\ \sin x &= x - \frac{x^3}{3!} + \frac{x^5}{5!} - \cdots \\ \cos x &= 1 - \frac{x^2}{2!} + \frac{x^4}{4!} - \cdots\end{aligned} \tag{F-3}$$

ここでは、指数関数のテイラー展開を導いてみましょう。指数関数が

$$e^x = a + bx + cx^2 + dx^3 + \cdots \tag{F-4}$$

と表されると仮定します。この式に $x=0$ を代入すると、

係数aが求まります。

$$e^0 = 1 = a$$

このように、$a = 1$ であることがわかります。次に(F-4)式の両辺をxで微分します。すると、

$$e^x = b + 2cx + 3dx^2 + \cdots$$

となります。これに $x = 0$ を代入すると、

$$e^0 = 1 = b$$

となって係数bが求められます。以下同様に微分して $x = 0$ を代入することを繰り返すと、

$$e^x = 1 + \frac{x}{1!} + \frac{x^2}{2!} + \frac{x^3}{3!} + \cdots \qquad \text{(F-5)}$$

が求められます。これが指数関数のテイラー展開です。サインとコサインのテイラー展開も同様にして求められます。

指数関数のテイラー展開の(F-5)式で、xをixで置き換えると、形式上

$$e^{ix} = 1 + \frac{ix}{1!} + \frac{(ix)^2}{2!} + \frac{(ix)^3}{3!} + \cdots$$

となります。そこで、虚数ixのべき乗をこの式のように定義することにします。この式の右辺を実数の項と虚数の項に分けてみます。

$$\begin{aligned} e^{ix} &= 1 + \frac{ix}{1!} + \frac{(ix)^2}{2!} + \frac{(ix)^3}{3!} + \cdots \\ &= \left(1 - \frac{x^2}{2!} + \frac{x^4}{4!} - \cdots\right) + i\left(x - \frac{x^3}{3!} + \frac{x^5}{5!} - \cdots\right) \\ &= \cos x + i \sin x \end{aligned}$$

すると、上式のように、それぞれがコサインとサインのテイラー展開に等しくなります。これが、オイラーの公式 $e^{ix} = \cos x + i \sin x$ です。

また、このオイラーの公式を使うと

$$\begin{aligned} e^{-i\theta} &= \cos(-\theta) + i \sin(-\theta) \\ &= \cos\theta - i \sin\theta \end{aligned} \quad (\text{F-6})$$

となるので、元のオイラーの公式である(F-2)式と足し合わせると、

$$e^{i\theta} + e^{-i\theta} = 2\cos\theta$$

となり、

$$\cos\theta = \frac{e^{i\theta} + e^{-i\theta}}{2}$$

が得られます。サインについても(F-2)式から(F-6)式を引いて $2i$ で割れば求められます。

■log の微分

対数 $\log z = q$ は、指数関数を使って

$$z = e^q$$

と表せます。この両辺を z で微分します。まず、左辺は

$$\frac{dz}{dz} = 1$$

となります。一方、右辺は

$$\frac{d}{dz}e^q = \frac{dq}{dz}\frac{d}{dq}e^q = \frac{dq}{dz}e^q = \frac{d\log z}{dz}z$$

となります。よって、「左辺＝右辺」より、

$$1 = \frac{d\log z}{dz}z$$

となり、両辺を z で割ると

$$\frac{d\log z}{dz} = \frac{1}{z}$$

となります。

■ $\int_0^{2\pi} \sin\theta d\theta = 0$, $\int_0^{2\pi} \sin^3\theta d\theta = 0$, $\int_0^{2\pi} \cos 2\theta d\theta = 0$ 等の証明

まず、$\int_0^{2\pi} \sin\theta d\theta = 0$ についてですが、$\sin\theta$ は θ が 0 から π の範囲では正の値をとり、π から 2π の範囲では負の値をとります。0 から 2π まで 1 周分の積分をとると両者が打ち消しあってゼロになります。

あとの 2 つの式も、同様に考えれば多少複雑にはなりますが、ゼロになることがわかります。

■$\cos\theta$ の倍角公式

三角関数の加法定理の公式

$$\cos(x+y) = \cos x \cdot \cos y - \sin x \cdot \sin y \qquad \text{(F-7)}$$

で、$x = y = \theta$ と置くと

$$\begin{aligned}\cos 2\theta &= \cos\theta \cdot \cos\theta - \sin\theta \cdot \sin\theta \\ &= \cos^2\theta - \sin^2\theta \\ &= 1 - 2\sin^2\theta\end{aligned}$$

が得られます。なお、途中で $\cos^2\theta + \sin^2\theta = 1$ の関係を使いました。

　元の加法定理の(F-7)式も証明しましょう。付図-2の左図をご覧下さい。斜辺の長さが 1 で角度xの直角三角形Aが斜めになっています。この三角形の底辺の長さは $\cos x$ です。この $\cos x$ を斜辺とし、角度yの直角三角形Bがその下に描かれています。この三角形Bの底辺の長さは $\cos x \cdot \cos y$ になります。

　さて、この2つの直角三角形の右に小さな直角三角形Cがあります。三角形の3つの角度の和はπ（=180度）なので、直角三角形Bと直角三角形Cは同じ角度を持ちます。したがって、直角三角形Cの短い辺の長さは $\sin x \cdot \sin y$ に

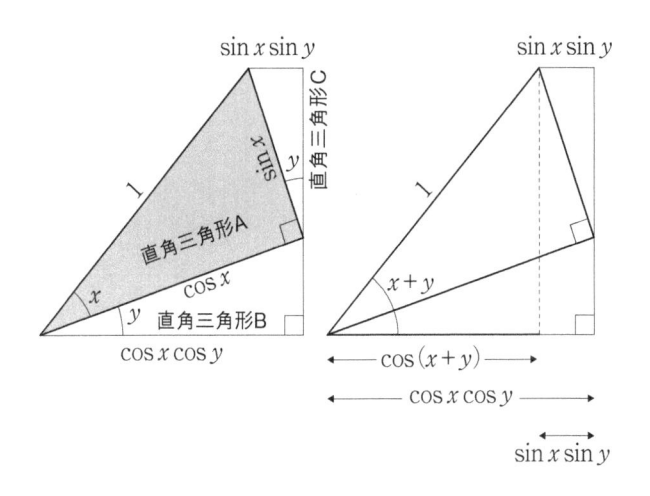

付図-2　加法定理の説明図

なります。よって、付図-2から次式が得られます。

$$\cos(x+y) = \cos x \cdot \cos y - \sin x \cdot \sin y$$

■(7-10)式の少し異なる導出

流線では、流れ関数ψは一定の値をとり$d\psi=0$です。よって、

$$dw = d\phi + id\psi = d\phi - id\psi = dw^*$$

なので、

$$\left(\frac{dw}{dz}\right)^* dz^* = \frac{dw^*}{dz^*} dz^* = dw^* = dw = \frac{dw}{dz} dz$$

が得られます。

■ブラジウスの公式の周回積分を物体の外周の外側にとること

この証明には、理系大学の1年生か2年生で学ぶ複素関数論で登場するコーシーの積分定理を使います。コーシーの積分定理は、複素平面上のある範囲で正則な複素関数$f(z)$に対して、閉曲線Cに沿った周回積分をとると、その値はゼロになるというものです(次式)。

$$\oint_C f(z)\,dz = 0$$

第4章では、物体のまわりの循環の値が閉曲線の大小によらないことを示すために、図4-3を使いました。図4-3の内側の閉曲線ABCAを物体の外周に沿って取り、コーシーの積分定理の閉曲線について、第4章と同様の考えを適用すると、外周に沿った積分と、外周より外側の閉曲線に沿った積分が同じ値を持つことがわかります。

参考資料・文献

『流体力学（物理テキストシリーズ9）』今井功著、岩波書店

『基礎 流体力学』基礎流体力学編集委員会編、産業図書

『弾性体と流体（物理入門コース8）』恒藤敏彦著、岩波書店

『連続体力学』角谷典彦著、共立出版

『基本を学ぶ流体力学』藤田勝久著、森北出版

『単位が取れる流体力学ノート』武居昌宏著、講談社

『数学者列伝Ⅰ　オイラーからフォン・ノイマンまで』I. ジェイムズ著、蟹江幸博訳、シュプリンガー・フェアラーク東京

「3.11津波で何が起きたか──被害調査と減災戦略（早稲田大学ブックレット〈「震災後」に考える〉）」柴山知也著、早稲田大学出版部

Victor J. Katz, "The history of Stokes' theorem," Mathematics Magazine, 52 (3): 146-156 (1979).

Olivier Darrigol,"Between Hydrodynamics and Elasticity Theory: The First Five Births of the Navier-Stokes Equation", Arch. Hist. Exact Sci. 56 (2002) 95-150, Springer-Verlag 2002

O'Connor, John J.; Robertson, Edmund F., *The MacTutor*

History of Mathematics archive, University of St Andrews.
http://www-history.mcs.st-andrews.ac.uk/

さくいん

【数字】

2次元翼理論　82, 192, 193

【アルファベット】

div　51
grad　57, 216
rot　61

【あ行】

位置エネルギー　27, 69, 83
一様な流れ　111, 133, 137
一般ジューコフスキー翼　173, 176
一般的な流れ　214
渦　57, 89, 226
渦糸　128
渦度　60, 62
渦度ベクトル　61
運動　52
運動エネルギー　18, 69
エネルギー保存の法則　22
円弧翼　173
円の形の循環　125
オイラー　35
オイラーの公式　102, 187
オイラーの方程式　51, 54, 57, 68
オイラーの方法　42

【か行】

外周　154
解析関数　108
解析的　192
回転　61
ガウス　102
カルマン・クラフツ翼　192
完全流体　64, 225
気圧　18
気体分子運動論　17
境界層　225
共役複素速度　111, 186
極形式表示　102
虚軸　102
虚数　101
虚数単位　101
虚部　102
クエット流　204, 208
クッタ　199
クッタ・ジューコフスキーの定理　149, 165
クッタの条件　188
グライダー　12
グラジエント　57

勾配	57, 216
抗力	145
コーシー・リーマンの関係式	110

【さ行】

軸流圧縮機	194
実軸	102
実数	101
失速	188
失速角	189
実部	102
写像	170
周回積分	57, 62, 87, 154
ジューコフスキー	199
ジューコフスキーの仮定	188
ジューコフスキー変換	171, 172, 178, 181
ジューコフスキー翼	189
重心の運動エネルギー	21
循環	57, 62, 64, 87, 88, 90, 128, 137, 141
吸い込み	114, 117
垂直応力	207
ストークス	65, 223
ストークスの抵抗法則	223
ストークスの定理	63
静圧	24, 53, 75
正則関数	108
全圧	26
全運動エネルギー	21
線素	41, 154, 161
線素ベクトル	41
せん断応力	207
全微分	44
速度ベクトル	41
速度ポテンシャル	82, 88, 92, 121, 193

【た行】

対気速度	75
対称ジューコフスキー翼	173
ダイバージェンス	50
楕円翼	173
ダランベール	151
ダランベールの原理	152
ダランベールの背理	151
単位質量あたりの外力	56
単位ベクトル	154
翼	30
翼の形	172
堤防	226
動圧	26, 75
等ポテンシャル線	180
トリチェリの定理	74

【な行】

流れ	40, 128
流れ関数	82, 83, 92, 94, 98, 121, 125
流れの数式化	40
流れの速度	92
ナビエ	221

ナビエ・ストークス方程式	204, 217, 219
ナブラ	216
二重湧き出し	119, 133
ニュートン流体	206
粘性	204, 206
粘性による力	214
粘性率	206
粘性力	210, 215
粘度	206

【は行】

ハーゲン	221
ハーゲン・ポアズイユの流れ	221
剝離	226
発散	51
飛行機	13
ピトー	77
ピトー管	75
非ニュートン流体	206
複素関数論	110
複素共役	104
複素数	101
複素速度	111
複素速度ポテンシャル	84, 108, 118, 121, 125, 128, 132, 138, 178
複素平面	102
ブラジウス	166
ブラジウスの第1公式	160
ブラジウスの第2公式	164

浮力	195
分子のランダムな運動	17
分子のランダムな運動による運動エネルギー	21
閉曲線	90, 154
平板翼	173, 174
ベルヌーイ（ダニエル）	17, 33
ベルヌーイ（ヨハン）	35
ベルヌーイの定理	13, 15, 69, 146, 157, 163
偏角	102
ベンチュリ管	72
偏微分	43
ポアズイユ	220
ポテンシャル	83
ポテンシャルエネルギー	27, 69, 83
ポン・デュ・ガール	78

【ま行】

マグナス効果	150
迎え角	188
モーメント	161

【や行】

揚抗比	198
揚力	145, 195
揚力係数	188
よどみ点	76

【ら行】

ライト兄弟	12
ライトフライヤー号	12
ラグランジュ	82
ラグランジュの方法	42
ラプラス方程式	193
ランダムな運動	21
乱流	224
理想流体	64
流線	41, 98
流速ベクトル	41
リリエンタール	12, 165
臨界レイノルズ数	225
レイノルズ数	195, 224
連続の式	45, 51
連続の式（1次元）	49
連続の式（3次元空間）	193
ローテーション	61
ローラン級数	165

【わ行】

湧き出し	114

N.D.C.423.8　249p　18cm

ブルーバックス　B-1867

高校数学でわかる流体力学
ベルヌーイの定理から翼に働く揚力まで

2014年6月20日　第1刷発行
2024年4月12日　第7刷発行

著者	竹内　淳	
発行者	森田浩章	
発行所	株式会社講談社	
	〒112-8001　東京都文京区音羽2-12-21	
電話	出版	03-5395-3524
	販売	03-5395-4415
	業務	03-5395-3615
印刷所	(本文表紙印刷) 株式会社KPSプロダクツ	
	(カバー印刷) 信毎書籍印刷株式会社	
製本所	株式会社KPSプロダクツ	

定価はカバーに表示してあります。
©竹内　淳　2014, Printed in Japan
落丁本・乱丁本は購入書店名を明記のうえ、小社業務宛にお送りください。送料小社負担にてお取替えします。なお、この本についてのお問い合わせは、ブルーバックス宛にお願いいたします。
本書のコピー、スキャン、デジタル化等の無断複製は著作権法上での例外を除き禁じられています。本書を代行業者等の第三者に依頼してスキャンやデジタル化することはたとえ個人や家庭内の利用でも著作権法違反です。
R〈日本複製権センター委託出版物〉複写を希望される場合は、日本複製権センター（電話03-6809-1281）にご連絡ください。

ISBN978-4-06-257867-7

発刊のことば

科学をあなたのポケットに

二十世紀最大の特色は、それが科学時代であるということです。科学は日に日に進歩を続け、止まるところを知りません。ひと昔前の夢物語もどんどん現実化しており、今やわれわれの生活のすべてが、科学によってゆり動かされているといっても過言ではないでしょう。

そのような背景を考えれば、学者や学生はもちろん、産業人も、セールスマンも、ジャーナリストも、家庭の主婦も、みんなが科学を知らなければ、時代の流れに逆らうことになるでしょう。

ブルーバックス発刊の意義と必然性はそこにあります。このシリーズは、読む人に科学的に物を考える習慣と、科学的に物を見る目を養っていただくことを最大の目標にしています。そのためには、単に原理や法則の解説に終始するのではなくて、政治や経済など、社会科学や人文科学にも関連させて、広い視野から問題を追究していきます。科学はむずかしいという先入観を改める表現と構成、それも類書にないブルーバックスの特色であると信じます。

一九六三年九月

野間省一

ブルーバックス　数学関係書(Ⅲ)

- 1968 脳・心・人工知能　甘利俊一
- 1969 四色問題　一松信
- 1984 経済数学の直観的方法　マクロ経済学編　長沼伸一郎
- 1985 経済数学の直観的方法　確率・統計編　長沼伸一郎
- 1998 結果から原因を推理する「超」入門ベイズ統計　石村貞夫
- 2001 人工知能はいかにして強くなるのか？　小野田博一
- 2023 素数はめぐる　西来路文朗／清水健一
- 2033 曲がった空間の幾何学　宮岡礼子
- 2036 ひらめきを生む「算数」思考術　安藤久雄
- 2043 現代暗号入門　神永正博
- 2046 美しすぎる「数」の世界　清水健一
- 2059 理系のための微分・積分復習帳　竹内淳
- 2065 方程式のガロア群　金重明
- 2069 離散数学「ものを分ける理論」　徳田雄洋
- 2079 学問の発見　広中平祐
- 2081 はじめての解析学　飽本一裕
- 2085 今日から使える微分方程式　普及版　原岡喜重
- 2092 今日から使える物理数学　普及版　岸野正剛
- 2093 今日から使える統計解析　普及版　大村平
- 2093 いやでも数学が面白くなる　志村史夫
- 2093 今日から使えるフーリエ変換　普及版　三谷政昭

- 2098 高校数学でわかる複素関数　竹内淳
- 2104 トポロジー入門　都築卓司
- 2107 数学にとって証明とはなにか　瀬山士郎
- 2110 高次元空間を見る方法　小笠英志
- 2114 数の概念　高木貞治
- 2118 道具としての微分方程式　偏微分編　斎藤恭一
- 2121 離散数学入門　芳沢光雄
- 2126 数の世界　松岡学
- 2137 今日から使える微積分　普及版　大村平
- 2141 有限の中の無限　西来路文朗／清水健一
- 2147 円周率πの世界　柳谷晃
- 2153 多角形と多面体　日比孝之
- 2160 多様体とは何か　小笠英志
- 2161 なっとくする数学記号　黒木哲徳
- 2167 三体問題　浅田秀樹
- 2168 大学入試数学　不朽の名問100　鈴木貫太郎
- 2171 四角形の七不思議　細矢治夫
- 2178 数式図鑑　横山明日希
- 2179 数学とはどんな学問か？　津田一郎
- 2182 マンガ　一晩でわかる中学数学　端野洋子
- 2188 世界は[e]でできている　金重明

ブルーバックス　数学関係書（II）

番号	タイトル	著者
1828	高校数学でわかる線形代数	竹内淳
1823	ウソを見破る統計学	神永正博
1822	物理数学の直観的方法（普及版）	長沼伸一郎
1819	マンガで読む 計算力を強くする	がそんみほ"マンガ／銀杏社"構成
1818	大学入試問題で語る数論の世界	清水健一
1810	高校数学でわかる統計学	竹内淳
1808	新体系 中学数学の教科書（上）	芳沢光雄
1795	新体系 中学数学の教科書（下）	芳沢光雄
1788	連分数のふしぎ	木村俊一
1786	はじめてのゲーム理論	川越敏司
1784	確率・統計でわかる「金融リスク」のからくり	吉本佳生
1782	「超」入門 微分積分	神永正博
1770	複素数とはなにか	示野信一
1765	シャノンの情報理論入門	高岡詠子
1764	不完全性定理とはなにか	竹内薫
1757	算数オリンピックに挑戦 '08〜'12年度版	算数オリンピック委員会編
1743	オイラーの公式がわかる	原岡喜重
1740	世界は2乗でできている	小島寛之
1738	マンガ 線形代数入門	鍵本聡"原作／北垣絵美"漫画
1724	三角形の七不思議	細矢治夫
1704	リーマン予想とはなにか	中村亨
1967	世の中の真実がわかる「確率」入門	小林道正
1961	曲線の秘密	松下泰雄
1942	数学ロングトレイル「大学への数学」に挑戦 関数編	山下光雄
1941	数学ロングトレイル「大学への数学」に挑戦 ベクトル編	山下光雄
1933	数学ロングトレイル「大学への数学」に挑戦	山下光雄
1927	P≠NP問題	野﨑昭弘
1921	確率を攻略する	小島寛之
1917	数学ロングトレイル「大学への数学」に挑戦	芳沢光雄
1907	群論入門	芳沢光雄
1906	素数が奏でる物語	西来路文朗／清水健一
1897	ロジックの世界	ダン・クライアン／シャロン・シュアティル／ビル・メイブリン"絵／田中一之"訳
1893	算法勝負！「江戸の数学」クラブへ	山根誠司
1890	逆問題の考え方	上村豊
1888	ようこそ「多変量解析」クラブへ	小野田博一
1880	直感を裏切る数学	神永正博
1851	非ユークリッド幾何の世界 新装版	寺阪英孝
1841	チューリングの計算理論入門	高岡詠子
1833	難関入試 算数速攻術	小野田博一／中川塁"画／松島りつこ"画
超絶難問論理パズル		小野田博一

ブルーバックス　数学関係書 (I)

番号	書名	著者
116	推計学のすすめ	佐藤 信
120	統計でウソをつく法	ダレル・ハフ／高木秀玄=訳
177	ゼロから無限へ	C・レイド／芹沢正三=訳
325	現代数学小事典	寺阪英孝=編
722	解ければ天才！算数100の難問・奇問	中村義作
833	虚数 i の不思議	堀場芳数
862	対数 e の不思議	堀場芳数
926	原因をさぐる統計学	豊田秀樹
1003	マンガ　微積分入門	岡部恒治／藤田伸夫=絵
1013	違いを見ぬく統計学	豊田秀樹
1037	道具としての微分方程式	斎藤恭一／吉田剛=絵
1201	自然にひそむ数学	佐藤修一
1243	高校数学とっておき勉強法	鍵本 聡
1312	マンガ　おはなし数学史	仲田紀夫=原作／佐々木ケン=漫画
1332	集合とはなにか　新装版	竹内外史
1352	確率・統計であばくギャンブルのからくり	谷岡一郎
1353	算数パズル「出しっこ問題」傑作選	仲田紀夫
1366	数学版　これを英語で言えますか？	保江邦夫＝著／E・ネルソン＝監修
1383	高校数学でわかるマクスウェル方程式	竹内 淳
1386	素数入門	芹沢正三
1407	入試数学　伝説の良問100	安田 亨
1419	パズルでひらめく　補助線の幾何学	中村義作
1429	数学21世紀の7大難問	中村 亨
1433	大人のための算数練習帳	佐藤恒雄
1453	大人のための算数練習帳　図形問題編	佐藤恒雄
1479	なるほど高校数学　三角関数の物語	原岡喜重
1490	暗号の数理　改訂新版	一松 信
1493	計算力を強くする	鍵本 聡
1536	計算力を強くする part2	鍵本 聡
1547	広中杯　ハイレベル　算数オリンピック委員会=監修／青木亮二=解説	
1557	中学数学に挑戦	田栗正章／藤越康祝／柳井晴夫／C・R・ラオ
1595	やさしい統計入門	
1598	数論入門	芹沢正三
1606	なるほど高校数学　ベクトルの物語	原岡喜重
1619	関数とはなんだろう	山根英司
1620	離散数学「数え上げ理論」	野﨑昭弘
1629	高校数学でわかるボルツマンの原理	竹内 淳
1657	計算力を強くする　完全ドリル	鍵本 聡
1677	高校数学でわかるフーリエ変換	竹内 淳
1678	新体系　高校数学の教科書（上）	芳沢光雄
1684	新体系　高校数学の教科書（下）	芳沢光雄
	ガロアの群論	中村 亨

ブルーバックス

ブルーバックス発の新サイトがオープンしました!

- ・書き下ろしの科学読み物
- ・編集部発のニュース
- ・動画やサンプルプログラムなどの特別付録

> ブルーバックスに関する
> あらゆる情報の発信基地です。
> ぜひ定期的にご覧ください。

ポチッ

| ブルーバックス | 検索 |

http://bluebacks.kodansha.co.jp/